老犬《ろうけん》たちの涙《なみだ》

“いのち”と“こころ”を守《まも》る14の方法《ほうほう》

児玉小枝《こだまさえ》

KADOKAWA

捨《す》てられた老犬《ろうけん》たち

この世《よ》に生《せい》を受《う》け、
人間《にんげん》の家庭《かてい》に迎《むか》え入《い》れられてから十数年間《じゅうすうねんかん》、
飼《か》い主《ぬし》を信《しん》じ、飼《か》い主《ぬし》を愛《あい》し、
飼《か》い主《ぬし》の幸《しあわ》せを願《ねが》いながら、
ただひたむきに生《い》きてきた老犬《ろうけん》たち――。

彼《かれ》らは、ある日突然《ひとつぜん》、帰《かえ》る家《いえ》を失《うしな》い、
行政施設《ぎょうせいしせつ》（※1）に収容《しゅうよう》されます。

そこは大好《だいす》きな家族《かぞく》のいない、
見知《みし》らぬ場所《ばしょ》――。

「不用《ふよう》・不都合《ふつごう》になったから引《ひ》き取《と》ってほしい」と飼《か》い主《ぬし》に持《も》ち込《こ》まれたり、
迷子《まいご》として捕獲《ほかく》されるなどして全国《ぜんこく》の行政施設《ぎょうせいしせつ》に収容《しゅうよう》された犬《いぬ》は年間《ねんかん》3万《まん》9327頭《とう》。
そのうちの8711頭《とう》は、元《もと》の飼《か》い主《ぬし》が迎《むか》えに来《く》ることも、
新《あら》たな飼《か》い主《ぬし》に譲渡《じょうと》されることもなく、殺処分《さつしょぶん》されました。（※2）

近年《きんねん》、動物愛護《どうぶつあいご》気運《きうん》の高《たか》まりとともに、民間《みんかん》ボランティアとの連携《れんけい》によって
「殺処分《さつしょぶん》ゼロ」を実現《じつげん》している自治体《じちたい》も一部《いちぶ》ありますが、
多《おお》くの施設《しせつ》ではいまだ〝命《いのち》の期限《きげん》〟が設《もう》けられ、
引《ひ》き取《と》り手《て》が現《あらわ》れにくい犬《いぬ》から順次《じゅんじ》、致死処分《ちししょぶん》されているのが現状《げんじょう》です。

〝譲渡候補犬《じょうとこうほけん》〟に選《えら》ばれやすいのは、健康《けんこう》で人《ひと》なつこい子犬《こいぬ》や若《わか》い犬《いぬ》たち。
新《あら》たな飼《か》い主《ぬし》が見《み》つかる可能性《かのうせい》の低《ひく》い高齢犬《こうれいけん》（※3）は、
収容《しゅうよう》されたが最後《さいご》、真《ま》っ先《さき》に〝殺処分対象《さつしょぶんたいしょう》〟となってしまいます。

老犬《ろうけん》たちを殺《ころ》しているのは、施設《しせつ》の職員《しょくいん》さんではありません。
それは、彼《かれ》らの命《いのち》に対《たい》する責任《せきにん》を放棄《ほうき》し、彼《かれ》らを捨《す》てた、
飼《か》い主《ぬし》自身《じしん》だと私《わたし》は思《おも》います。

※1 施設《しせつ》の名称《めいしょう》は、保健所《ほけんじょ》、動物愛護《どうぶつあいご》センター、動物管理《どうぶつかんり》センターなど、自治体《じちたい》によって様々《さまざま》

※2 環境省調《かんきょうしょうしら》べ（平成《へいせい》29年度《ねんど》）

※3 人間《にんげん》の60歳《さい》を犬《いぬ》の年齢《ねんれい》になおすと、小《こ》・中型犬《ちゅうがたけん》は11歳《さい》、大型犬《おおがたけん》は8歳《さい》くらいになります

——どうか知《し》ってください。
老犬《ろうけん》たちはなぜ、
愛《あい》する家族《かぞく》のもとで
天寿《てんじゅ》をまっとうすることなく
捨《す》てられなければならなかったのか？
老犬《ろうけん》たちが捨《す》てられない社会《しゃかい》をつくるには
どうすればいいのか？

本書《ほんしょ》を通《つう》じて、
捨《す》てられた老犬《ろうけん》たちの想《おも》いが
あなたの心《こころ》に届《とど》きますように。

そして本書《ほんしょ》が、
彼《かれ》らの尊《とうと》い〝いのち〟と〝こころ〟を守《まも》り、
救《すく》うための一助《いちじょ》となれますように。
そう心《こころ》から願《ねが》っています——。

児《こ》玉《だま》小《さ》枝《え》

もくじ

捨《す》てられた理由《りゆう》①

老老介護《ろうろうかいご》の破綻《はたん》

子《こ》どもが巣立《すだ》った――
親《おや》の介護《かいご》が終《お》わった――
仕事《しごと》を定年退職《ていねんたいしょく》した――
伴侶《はんりょ》が旅立《たびだ》ち、独《ひと》りになった――
そんな60代以降《だいいこう》の方《かた》たちが新《あら》たな〝人生《じんせい》のパートナー〟として、
〝寂《さび》しさを癒《いや》してくれる存在《そんざい》〟として、子犬《こいぬ》を飼《か》い始《はじ》めます。

やがて子犬《こいぬ》が老犬《ろうけん》になり、看病《かんびょう》や介護《かいご》が必要《ひつよう》になる頃《ころ》、
飼《か》い主自身《ぬしじしん》も70代《だい》、80代《だい》となり、
病気《びょうき》、入院《にゅういん》、施設入所《しせつにゅうしょ》、老衰《ろうすい》、死去《しきょ》といった人生《じんせい》の終焉時期《しゅうえんじき》を迎《むか》えます。

そのとき、もしも、
残《のこ》された老犬《ろうけん》の世話《せわ》を引《ひ》き受《う》けてくれる人《ひと》が誰《だれ》もいなかったら――。

動物の碑

ここは行《い》き場《ば》をなくした犬《いぬ》が収容《しゅうよう》される行政施設《ぎょうせいしせつ》。
右《みぎ》から2番目《ばんめ》の犬房《けんぼう》に入《はい》っていた13歳《さい》のチワワは、
ここに来《く》るまで、高齢《こうれい》の夫婦《ふうふ》に飼《か》われていました。

その子《こ》はふるえていました。

おぼつかない足取《あしど》りで犬房《けんぼう》の中《なか》をグルグルヨタヨタ歩《ある》き回《まわ》っては、ぶつかったり、立《た》ちつくしたり、うなだれたり、うずくまったりを繰《く》り返《かえ》しながら――。

自分《じぶん》はどこにいるのか、
なぜここにいるのか、
なんにもわからないままに、
大好《だいす》きな家族《かぞく》のいない冷《つめ》たいコンクリートの上《うえ》で、
ただただ途方《とほう》に暮《く》れながら、
時《とき》おりクーンクーンと哀《かな》しい声《こえ》で泣《な》くのです——。

高齢《こうれい》で体《からだ》が弱《よわ》ってきたうえに、認知症《にんちしょう》を患《わずら》い、
部屋《へや》を徘徊《はいかい》したり、トイレを失敗《しっぱい》してしまうようになったこの子《こ》を、
老夫婦《ろうふうふ》は、動物病院《どうぶつびょういん》に通院《つういん》させながら、介護《かいご》していたそうです。
やがて自分《じぶん》たち自身《じしん》の病気《びょうき》や入院《にゅういん》が重《かさ》なり、充分《じゅうぶん》な世話《せわ》ができなくなってきます。

「わたしたち以外《いがい》にこの子《こ》の世話《せわ》ができる人《ひと》はいないし、
これ以上《いじょう》、この子《こ》にしんどい思《おも》いをさせるのも……」
そう考《かんが》え、かかりつけの病院《びょういん》の獣医師《じゅういし》に安楽死処置《あんらくししょち》を依頼《いらい》するも断《ことわ》られ、
最終手段《さいしゅうしゅだん》として、ここに連《つ》れてきたのだといいます。

「ここに置《お》いていけば
この子《こ》は殺処分《さつしょぶん》されることになります。
それでもいいですか？」

「はい、お願《ねが》いします」

近畿地方《きんきちほう》のある自治体《じちたい》の施設《しせつ》の職員《しょくいん》さんにお話《はなし》を伺《うかが》いました。

「うちのセンターに犬《いぬ》が持《も》ち込《こ》まれる理由《りゆう》で、一番多《いちばんおお》いのが、『高齢《こうれい》の飼《か》い主《ぬし》さんの病気《びょうき》や入院《にゅういん》や死亡《しぼう》で飼《か》えなくなった』――というものです。あと、飼《か》い主《ぬし》が高齢者施設《こうれいしゃしせつ》に入《はい》ることになったが、犬《いぬ》は連《つ》れていけないから、というケースも多《おお》い。

核家族化《かくかぞくか》の影響《えいきょう》で、高齢者《こうれいしゃ》が単身《たんしん》で暮《く》らしている場合《ばあい》も多《おお》く、別居《べっきょ》している家族《かぞく》に引《ひ》き取《と》ってくれないかと持《も》ちかけても、

『うちはマンション住《ず》まいで飼《か》えない』

『子《こ》どもがアレルギーなので無理《むり》』

『すでにほかの犬《いぬ》を飼《か》っているから』

などと断《ことわ》られ、犬《いぬ》の行《い》き場《ば》がなくなる。

飼育放棄《しいくほうき》するお年寄《としよ》りも、犬《いぬ》を飼《か》い始《はじ》めた時点《じてん》ではお元気《げんき》だったはずなので……

そのときには、〝いずれ自分《じぶん》の体力《たいりょく》が衰《おとろ》えたり病《やまい》を患《わずら》ったりするかもしれない〟なんて、先《さき》のことまで想像《そうぞう》できなかったんだと思《おも》います。

――というか、そんな後《うし》ろ向《む》きなことは考《かんが》えたくなかったのかもしれませんが……。

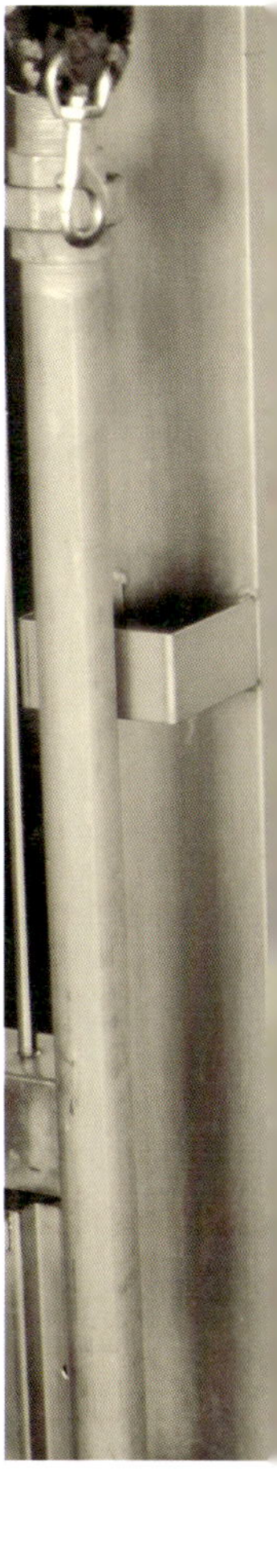

身寄《みよ》りのない独居《どっきょ》の高齢者《こうれいしゃ》が倒《たお》れたあと、
『家《いえ》に犬《いぬ》が残《のこ》されている』と、
地域《ちいき》のケースワーカーから連絡《れんらく》が入《はい》り、
私《わたし》たち職員《しょくいん》が犬《いぬ》を引《ひ》き取《と》りに行《い》くこともあります。

この子《こ》を保護《ほご》しに行《い》ったときも、そんな状況《じょうきょう》でした――」

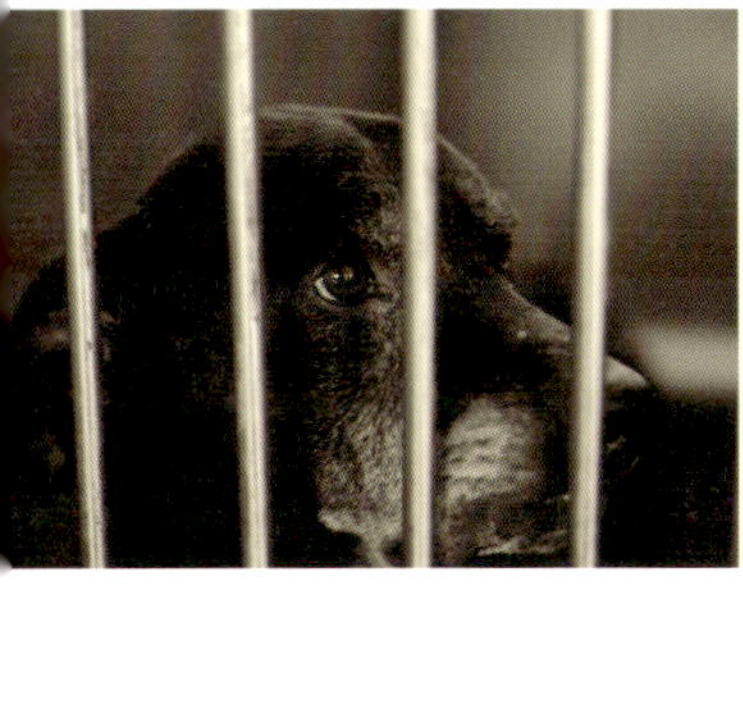

収容房《しゅうようぼう》の近《ちか》くを誰《だれ》かが通《とお》るたび、
施設《しせつ》じゅうに響《ひび》きわたるほど大《おお》きな声《こえ》で
鳴《な》き続《つづ》けていたこの子《こ》は、
12歳《さい》のラブラドール・レトリバー。

「独《ひと》り暮《ぐ》らしをしていた高齢《こうれい》の飼《か》い主《ぬし》さんは重度《じゅうど》の認知症《にんちしょう》で、
犬《いぬ》の世話《せわ》ができる状態《じょうたい》ではなく、緊急入院《きんきゅうにゅういん》。
散乱《さんらん》した部屋《へや》に残《のこ》されていたこの子《こ》もガリガリに痩《や》せ、
自力《じりき》では立《た》ち上《あ》がれないほど衰弱《すいじゃく》していました……」

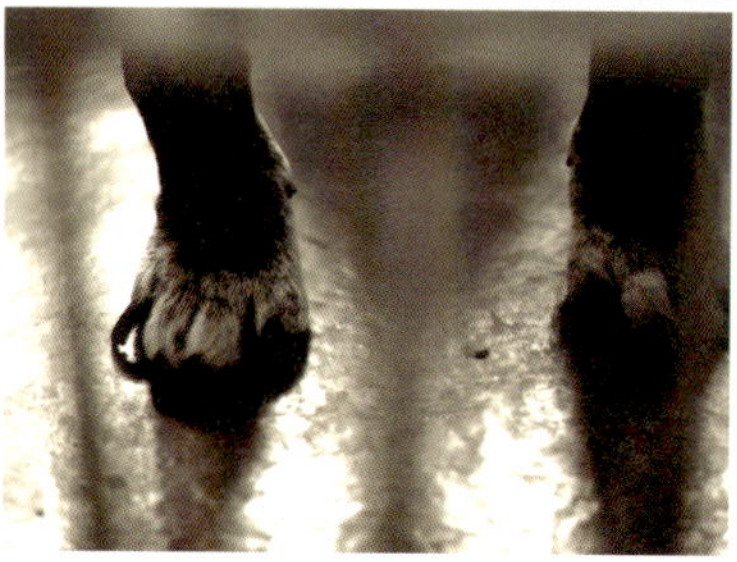

収容房《しゅうようぼう》の柵《さく》に皮《かわ》がすりむけるほど顔《かお》をこすりつけ、
大《おお》きな体《からだ》を左右《さゆう》に揺《ゆ》らし、地団駄《じだんだ》をふみながら、
悲痛《ひつう》な声《こえ》で訴《うった》えます。

おかあさん……
どこにいるの？

ぼくはここにいるよ！

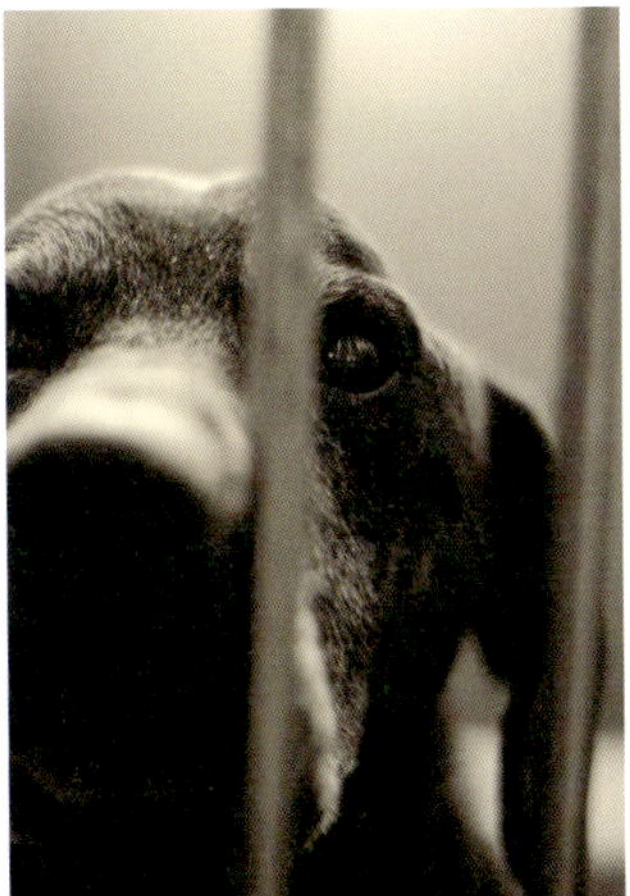

「少子高齢化《しょうしこうれいか》が進《すす》む日本《にほん》で、
人間《にんげん》と犬《いぬ》の〝老老介護《ろうろうかいご》〟問題《もんだい》はますます深《ふか》まっていくと思《おも》います。
このままだと、これからも、収容《しゅうよう》される老犬《ろうけん》は増《ふ》え続《つづ》けるんじゃないでしょうか。
独居《どっきょ》で、近所付《きんじょづ》き合《あ》いもほとんどない高齢者《こうれいしゃ》が、孤独《こどく》やさびしさを紛《まぎら》らわすため、
安易《あんい》に犬《いぬ》を飼《か》い始《はじ》めてしまうケースも多《おお》いように感《かん》じます……。
高齢《こうれい》の人《ひと》には、自分《じぶん》に何《なに》かあったとき、犬《いぬ》だけが取《と》り残《のこ》されるリスクがないのかを、
飼《か》う前《まえ》によく考《かんが》えてほしい」と職員《しょくいん》さん。

東北地方《とうほくちほう》のある自治体《じちたい》の行政施設《ぎょうせいしせつ》と連携《れんけい》しながら活動《かつどう》されている
動物愛護団体《どうぶつあいごだんたい》のスタッフさんにお話《はなし》を伺《うかが》いました。

「昔《むかし》は大家族《だいかぞく》で犬《いぬ》を飼《か》っていたので、高齢者《こうれいしゃ》が亡《な》くなるようなことがあっても、
残《のこ》された家族《かぞく》で、その後《ご》の世話《せわ》が可能《かのう》だったんだと思《おも》いますが、
うちの県《けん》の場合《ばあい》、若《わか》い人《ひと》は地元《じもと》を離《はな》れ、残《のこ》された親《おや》は独《ひと》り暮《ぐ》らし。
施設《しせつ》に入《はい》ったり、入院《にゅういん》の際《さい》には犬猫《いぬねこ》を手放《てばな》すケースが多《おお》くなっていると思《おも》います。
また、大家族《だいかぞく》で暮《く》らしていても、家族《かぞく》の中《なか》で孤立《こりつ》しているお年寄《としよ》りもおられます。
私《わたし》が相談《そうだん》の電話《でんわ》を受《う》けたのですが、もう何年《なんねん》も前《まえ》から体調《たいちょう》が悪《わる》く、
入院《にゅういん》しなければならなくなり、家《いえ》にももう戻《もど》れないとのこと。

心《こころ》の支《ささ》えだった犬《いぬ》がいて、その子《こ》のために入院《にゅういん》をしないできた。
でも、もう限界《げんかい》で、犬《いぬ》を手放《てばな》したい。家族《かぞく》がいるけれど、手放《てばな》したい。
なぜなら、家族《かぞく》のところに置《お》いていくと、
殺処分《さつしょぶん》より酷《ひど》い目《め》に遭《あ》わされるのが目《め》に見《み》えているから……。
自分《じぶん》は自分《じぶん》の責任《せきにん》で、この子《こ》を保健所《ほけんじょ》に連《つ》れていきます……と
泣《な》いておられました。

また、親《おや》が独《ひと》り暮《ぐ》らしで寂《さび》しいだろうからと、
子《こ》どもが親《おや》に犬《いぬ》を買《か》い与《あた》え、結局《けっきょく》、親《おや》は世話《せわ》ができずに
手放《てばな》したというケースもありました。
そんな風《ふう》に、お年寄《としよ》りが飼《か》いきれなくなった犬《いぬ》が
次《つぎ》から次《つぎ》へと行政施設《ぎょうせいしせつ》へ持《も》ち込《こ》まれ、
殺処分《さつしょぶん》されるのを目《ま》の当《あ》たりにしていますから、
私《わたし》たちの会《かい》では、60歳《さい》を超《こ》えた高齢《こうれい》の方《かた》には、子犬《こいぬ》を譲《ゆず》りません。
もしもお年寄《としよ》りから、子犬《こいぬ》を飼《か》いたいと連絡《れんらく》があったら、
理由《りゆう》を説明《せつめい》してお断《ことわ》りします。

犬《いぬ》と暮《く》らしたいなら、ご自身《じしん》の年齢《ねんれい》のことを考《かんが》え、
最後《さいご》まで面倒《めんどう》をみられる老犬《ろうけん》を家族《かぞく》に迎《むか》えていただきたいとも伝《つた》えますが、
70歳《さい》を過《す》ぎた方《かた》でも、〝子犬《こいぬ》から飼《か》わないと、なつかない〟という偏見《へんけん》があり、
子犬《こいぬ》でなければならないとおっしゃるのです。
育《そだ》ち盛《ざか》りの騒《さわ》がしい子犬《こいぬ》よりも、
お互《たが》いに思《おも》いやれる、気持《きも》ちがわかるシニアの子《こ》たちのほうが、
ペースが一緒《いっしょ》で合《あ》っていると私《わたし》は思《おも》うのですが……。

子犬《こいぬ》をお譲《ゆず》りできない理由《りゆう》をしっかりとお伝《つた》えしても、中《なか》には、
『あー！　年寄《としよ》りにはもう犬《いぬ》は飼《か》うなと言《い》うんだな！』
『自分《じぶん》は今《いま》は健康《けんこう》で何《なん》の問題《もんだい》もないのに、譲渡《じょうと》してくれない！』
と、激怒《げきど》する方《かた》もおられます……」

この子《こ》は15歳《さい》の柴犬《しばいぬ》。
高齢《こうれい》の飼《か》い主《ぬし》が老人《ろうじん》ホームに入《はい》ることになって、飼《か》い続《つづ》けられなくなり、
「入所《にゅうしょ》の期限《きげん》が迫《せま》っているので、すぐに引《ひ》き取《と》ってほしい」と、
関東地方《かんとうちほう》のある施設《しせつ》に持《も》ち込《こ》まれました。

「引《ひ》き取《と》ったときから痩《や》せていて、
目《め》も耳《みみ》も足腰《あしこし》も、ずいぶん弱《よわ》っていました」と職員《しょくいん》さん。

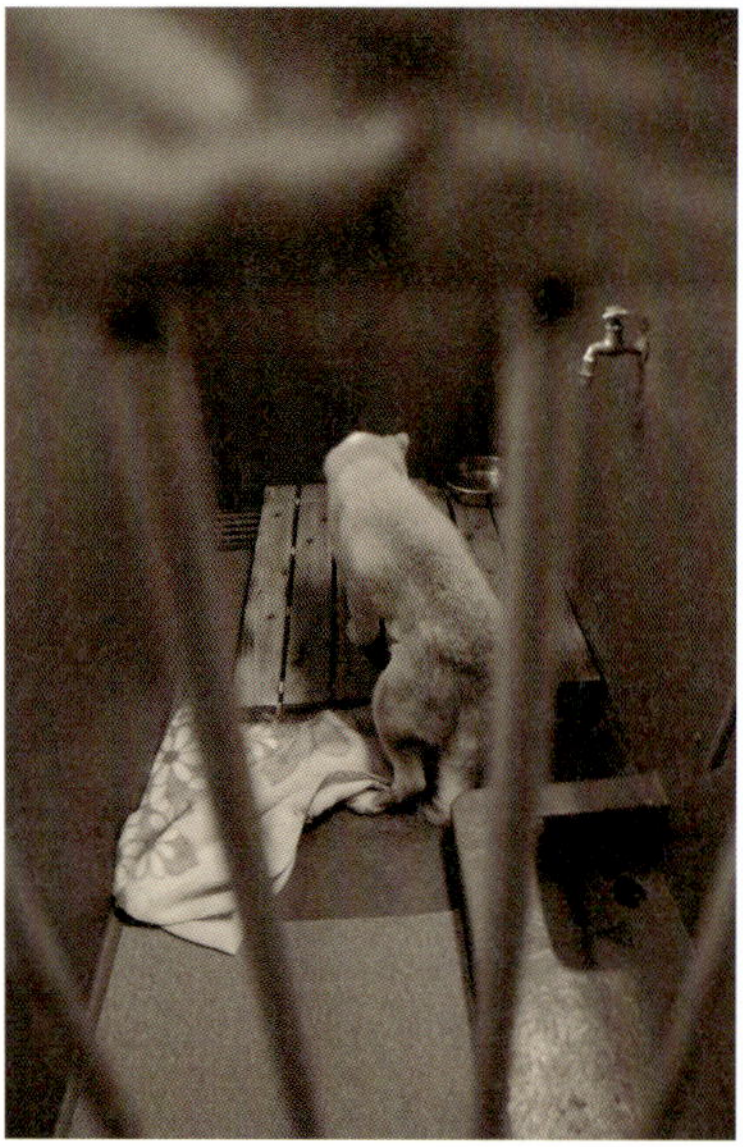

踏《ふ》ん張《ば》れなくなった後《うし》ろ足《あし》を
懸命《けんめい》に持《も》ち上《あ》げながら、
犬房《けんぼう》の中《なか》をヨタヨタと歩《ある》き回《まわ》っては、
段差《だんさ》に足《あし》をとられたり、
その場《ば》にへたり込《こ》んだり。

自力《じりき》で動《うご》けなくなるたびに、
アオーーーン。
アオアオアオアオ……と、
悲《かな》しそうに
悔《くや》しそうに
泣《な》くのです。

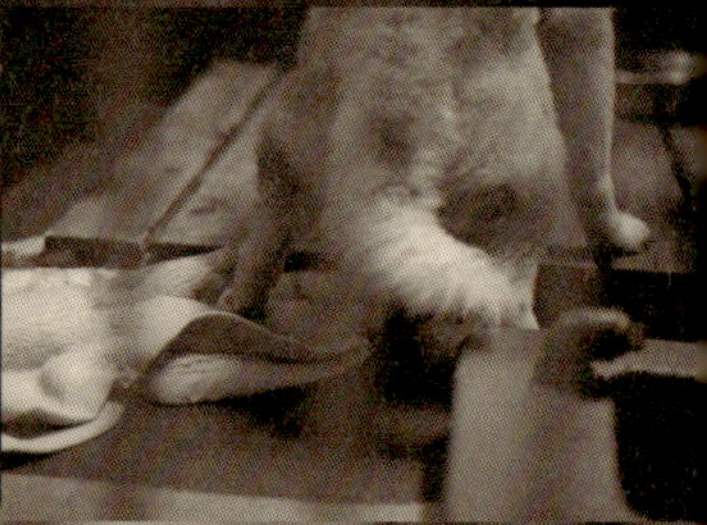

『わたしは、犬《いぬ》をかいたくて、かいたいけどマンションだからかえません。おばあちゃんの家《いえ》で犬《いぬ》をかっているけど、もうすぐで死《し》ぬそうです。それはがんで、おなかにきずがあって、大《おお》きいきずがあるのです。さいごまで、おばあちゃん、おじいちゃんとそのいぬをまもって、その犬《いぬ》がうれしくて、いきていて、このかいぬしでよかったとおもえるように、さいごまでまもってあげたい』

（小学《しょうがく》6年生《ねんせい》・女子《じょし》）

〜写真展《しゃしんてん》「どうぶつたちへのレクイエム」来場者《らいじょうしゃ》の感想文《かんそうぶん》より〜

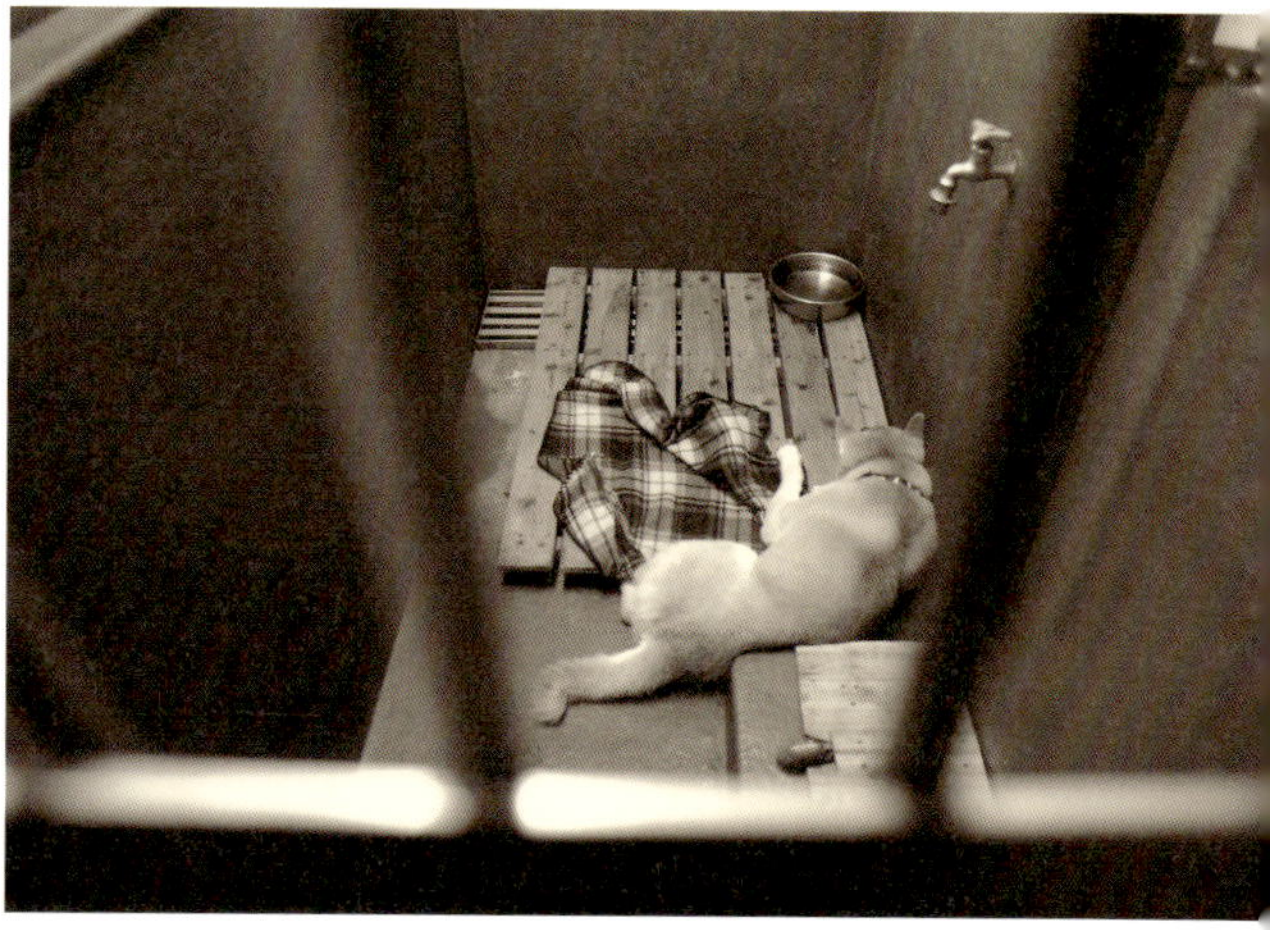

捨《す》てられた理由《りゆう》❷

看取《みと》り拒否《きょひ》／介護放棄《かいごほうき》

私《わたし》がある施設《しせつ》を訪《おとず》れたとき、
「この子《こ》の最期《さいご》を看取《みと》るのがつらいから」と、
中年《ちゅうねん》の女性《じょせい》が持《も》ち込《こ》んできたのは、
年老《としお》いたポメラニアン。

「おかあさん、まって！
いかないで！
どこにいくの⁉
わたしもつれていって！
おいていかないで……」

キャリーケースの中《なか》から
懇願《こんがん》するその子《こ》に背《せ》を向《む》け、
上品《じょうひん》な身《み》なりをした飼《か》い主《ぬし》の女性《じょせい》は
一度《いちど》も振《ふ》り返《かえ》ることなく
足早《あしばや》に去《さ》っていきました。

この子《こ》はその後《ご》、
ガス室《しつ》で命《いのち》を絶《た》たれました。

「――私《わたし》たちも、できることなら
殺処分《さつしょぶん》なんてしたくありません。
ですが、犬《いぬ》を世話《せわ》する職員数《しょくいんすう》には限《かぎ》りがあり、
収容《しゅうよう》スペースは常《つね》に満杯《まんぱい》。
譲渡先《じょうとさき》が見《み》つかりにくい老犬《ろうけん》は、
優先的《ゆうせんてき》に殺処分《さつしょぶん》せざるを得《え》ないというのが
私《わたし》どもの施設《しせつ》の実情《じつじょう》です。

本来《ほんらい》はどの子《こ》にも生《い》きる権利《けんり》があったはず……。
命《いのち》を絶《た》つ瞬間《しゅんかん》はいつも心《こころ》が痛《いた》みます。
捨《す》てる人間《にんげん》が悪《わる》いのに、
なぜこの子《こ》たちが犠牲《ぎせい》となって、
殺《ころ》されなくてはならないのかと……」

近畿地方《きんきちほう》の行政施設《ぎょうせいしせつ》で働《はたら》く、
職員《しょくいん》さんの言葉《ことば》です。

『犬《いぬ》を飼《か》ったことはありますが、
死《し》を迎《むか》えることが辛《つら》くて、もう飼《か》いたくありません。
それを受《う》け入《い》れることができない人《ひと》には、飼《か》う資格《しかく》がないと思《おも》います。
でも、この写真展《しゃしんてん》で、そういう人《ひと》が世《よ》の中《なか》には想像以上《そうぞういじょう》にいることを知《し》り、
とても残念《ざんねん》に思《おも》いました。
また、殺処分《さつしょぶん》についても初《はじ》めて知《し》ることがあり、驚《おどろ》きました。
改《あらた》めて、動物《どうぶつ》を飼《か》うことに抵抗《ていこう》を感《かん》じましたが、
今《いま》は無理《むり》でも、いつか救《すく》える命《いのち》を救《すく》う側《がわ》に回《まわ》りたいです』

（30代《だい》／女性《じょせい》）

～写真展《しゃしんてん》「どうぶつたちへのレクイエム」来場者《らいじょうしゃ》の感想文《かんそうぶん》より～

この子《こ》は15歳《さい》の雑種《ざっしゅ》。
認知症《にんちしょう》があり、
一日《いちにち》のほとんどを、横《よこ》たわっているか、
犬房《けんぼう》の中《なか》をクルクル歩《ある》き回《まわ》って過《す》ごしています。
「これ以上《いじょう》、面倒《めんどう》を見《み》きれない。
里親探《さとおやさが》しもしたが、見《み》つからない」と、
飼《か》い主《ぬし》に放棄《ほうき》されました。

認知症《にんちしょう》になった、寝《ね》たきりになった、末期癌《まっきがん》になった、
治療《ちりょう》の費用《ひよう》がかかる、部屋《へや》で粗相《そそう》をするようになった、
番犬《ばんけん》として役《やく》に立《た》たなくなった、夜鳴《よな》きがうるさい……
そんな理由《りゆう》で捨《す》てられる老犬《ろうけん》が、あとを絶《た》ちません。

「この仕事《しごと》をしていて一番《いちばん》つらいのは、長年《ながねん》、飼《か》っていた老犬《ろうけん》を、
『病気《びょうき》になったから引《ひ》き取《と》ってほしい』と持《も》ち込《こ》まれるときですね……」と職員《しょくいん》さん。
「瀕死《ひんし》の状態《じょうたい》で連《つ》れてこられ、収容《しゅうよう》してすぐに亡《な》くなってしまう子《こ》もいます。
飼《か》い主《ぬし》がそばにいるときは元気《げんき》そうに見《み》えた老犬《ろうけん》でも、
収容後《しゅうようご》は生《い》きる気力《きりょく》を失《うしな》ってしまったかのように食事《しょくじ》にも水《みず》にも口《くち》をつけなくなり、
そのまま衰弱《すいじゃく》して死《し》んでしまうことも……。
あと少《すこ》しで天寿《てんじゅ》をまっとうできるのに、なぜ家族《かぞく》の一員《いちいん》として、
最後《さいご》まで看《み》てあげることができなかったのかと……
本当《ほんとう》に切《せつ》なくなりますし、憤《いきどお》りを感《かん》じます。
結局《けっきょく》、飼《か》ってはいけない人《ひと》が飼《か》い始《はじ》めるから、
今《いま》のようになっているんです……」

行政《ぎょうせい》と連携《れんけい》しながら犬猫《いぬねこ》の保護《ほご》・譲渡活動《じょうとかつどう》をしている、
関東《かんとう》地方《ちほう》のボランティアさんは、
「私《わたし》たちも頑張《がんば》って里親探《さとおやさが》しをしていますが、健康《けんこう》で人《ひと》なつこい子《こ》ならまだしも、
白内障《はくないしょう》になっていて、足腰《あしこし》はガクガク、内臓疾患《ないぞうしっかん》をもっていたり、人《ひと》に怯《おび》えていたり、
認知症《にんちしょう》でウロウログルグル徘徊《はいかい》している……
そんな老犬《ろうけん》を家族《かぞく》に迎《むか》えてくれる人《ひと》は、ほとんどいません……」

行政施設《ぎょうせいしせつ》の檻《おり》の中《なか》で、白《しろ》く濁《にご》った瞳《ひとみ》をうるませ、
まるで自分《じぶん》の運命《うんめい》を受《う》け入《い》れているかのように
静《しず》かに横《よこ》たわっていたこの子《こ》は、15歳《さい》の雑種犬《ざっしゅけん》。
ネグレクトの末《すえ》、飼《か》い主《ぬし》に持《も》ち込《こ》まれました。
老《お》いて目《め》も耳《みみ》も足腰《あしこし》も
弱《よわ》ってしまったこの子《こ》に下《くだ》された判定《はんてい》は、
「譲渡不可《じょうとふか》」。

収容《しゅうよう》された数日後《すうじつご》に、
殺処分《さつしょぶん》されました。

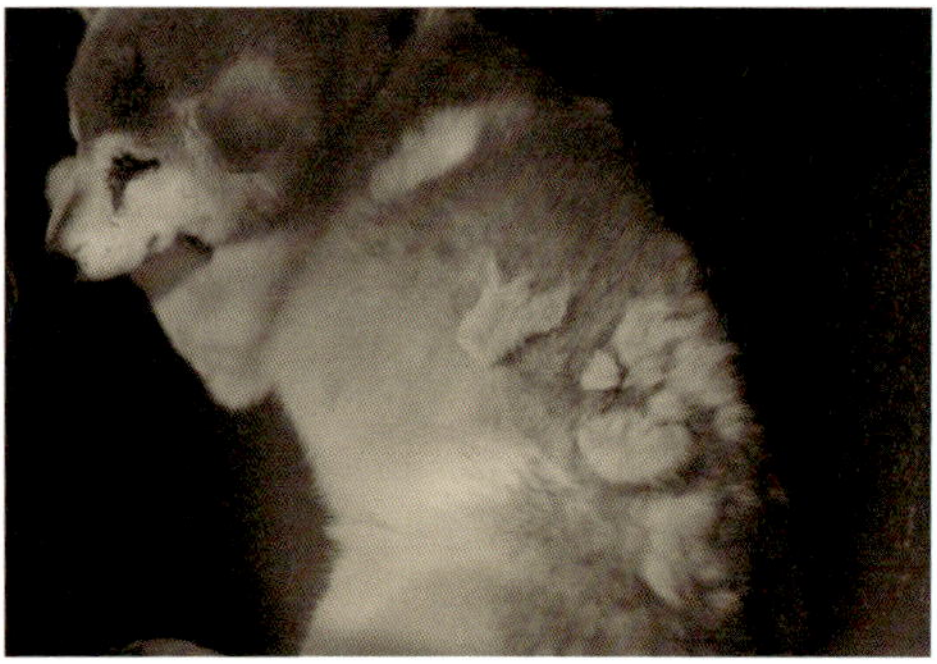

〝会社《かいしゃ》の犬《いぬ》〟として飼《か》われていた、16歳《さい》の黒柴《くろしば》。
捨《す》てられたきっかけは、会社《かいしゃ》の閉鎖《へいさ》でした。
老《お》いて体《からだ》が不自由《ふじゆう》になってきたこの子《こ》を、
これ以上《いじょう》は飼《か》い続《つづ》けられないから処分《しょぶん》してほしいと、
行政施設《ぎょうせいしせつ》に持《も》ち込《こ》まれたのです。

——そこにいるのはだれ？

あなたは、ぼくのだいすきな、あのひとじゃないよね？

ぼく、さいきん、あのひとの声《こえ》や足音《あしおと》がきこえないし、

かおもよく見《み》えなくなってきたんだ……。

あのひとがぼくの名前《なまえ》を呼《よ》んでくれても気《き》づかなくて……

急《きゅう》に近《ちか》づかれたり体《からだ》をさわられたりしたら、びっくりして、こわくて……

おもわず唸《うな》ったり噛《か》んだりしてしまうこともあった。

そのときはぼく、とっても悲《かな》しい気持《きも》ちになるんだ。

なんで大切《たいせつ》なひとに、こんなことしちゃったんだろうって……

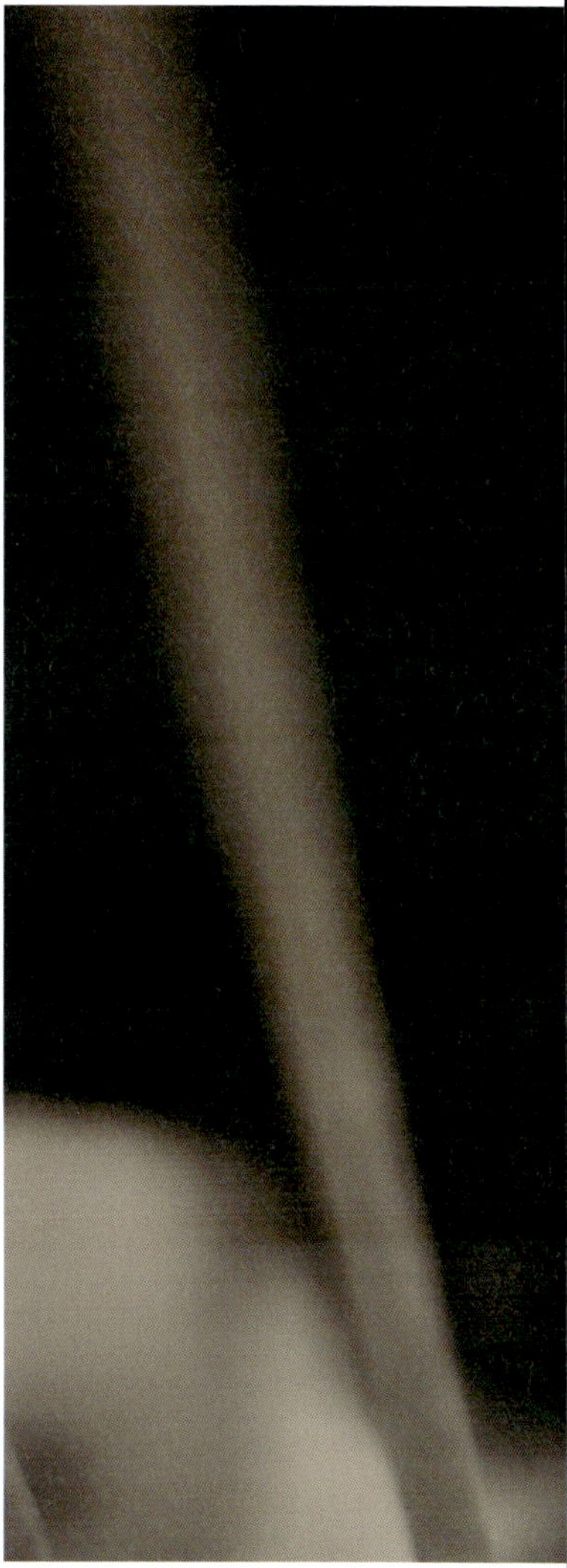

あるいていても、
うしろあしがもつれて、
ふらふらするし、
すぐにつまずいたり、
ぶつかったり、
こけたりする。

うんちやおしっこも失敗《しっぱい》してばかりだし、
ごはんも上手《じょうず》に食《た》べられない……。
今《いま》までできてたことが、できなくなって、
ぼくは毎日《まいにち》、とっても不安《ふあん》だった。

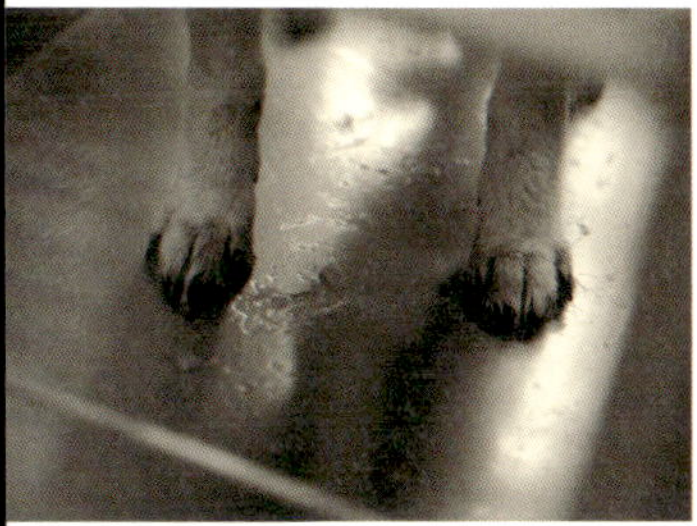

でも、だいすきなあのひとが
そばにいてくれるときだけは
安心《あんしん》していられたんだ。

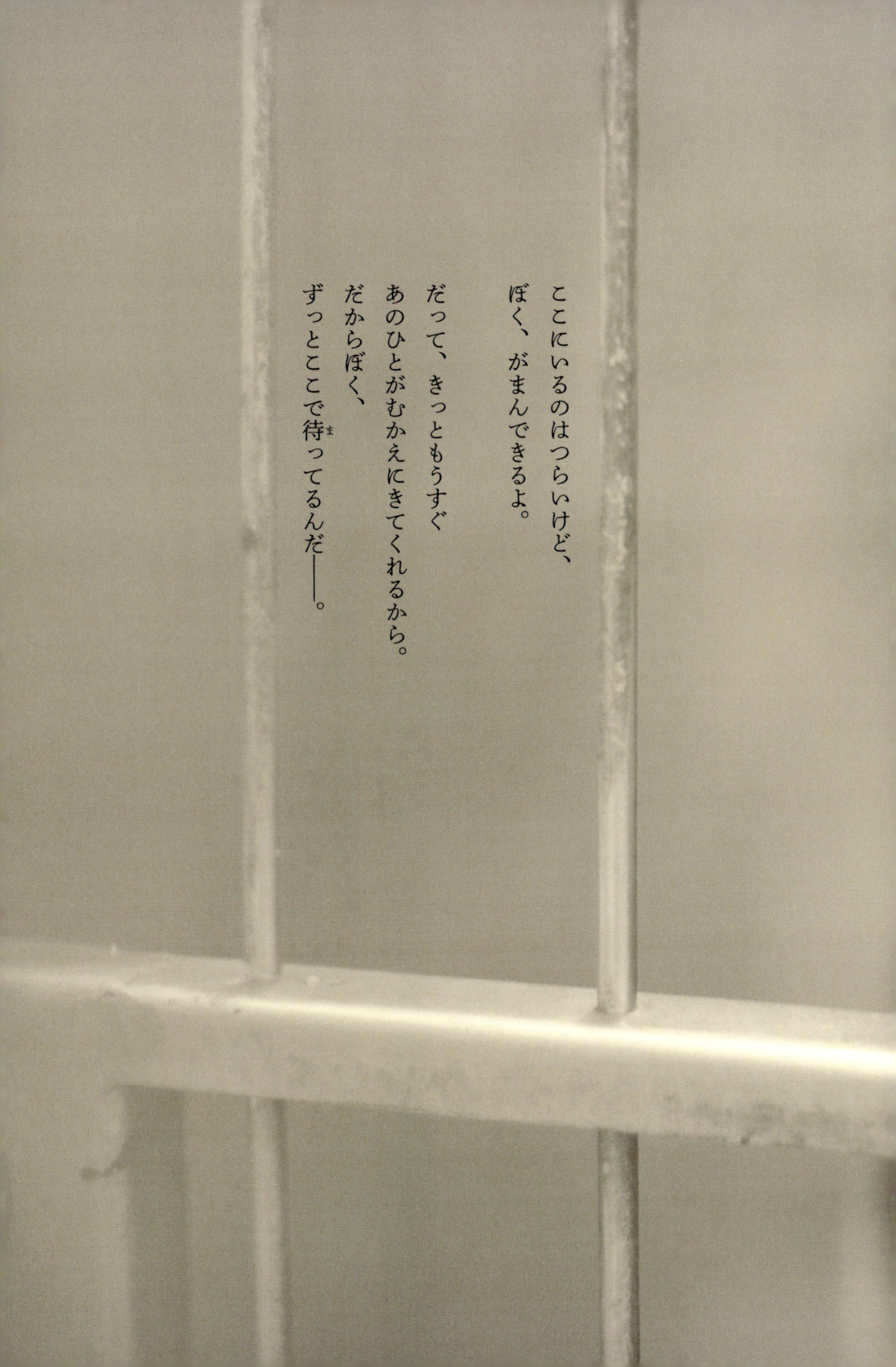

ここにいるのはつらいけど、
ぼく、がまんできるよ。

だって、きっともうすぐ
あのひとがむかえにきてくれるから。
だからぼく、
ずっとここで待《ま》ってるんだ――。

捨《す》てられた理由《りゆう》❸

引《ひ》っ越《こ》し

ある施設《しせつ》で、独《ひと》り暮《ぐ》らしの70代女性《だいじょせい》から持《も》ち込《こ》まれた、
15歳《さい》のダックスフントに出会《であ》いました。
もともとは別《べつ》の高齢者《こうれいしゃ》に飼《か》われていましたが、その飼《か》い主《ぬし》が亡《な》くなったため、
知《し》り合《あ》いだった女性《じょせい》が引《ひ》き取《と》ることになり、世話《せわ》をしていたといいます。

女性《じょせい》が住《す》んでいたアパートでは当初《とうしょ》、ペット飼育《しいく》が可能《かのう》でしたが、
建《た》て替《か》えを機《き》に、退去《たいきょ》を余儀《よぎ》なくされることに。
引《ひ》っ越《こ》し先《さき》として用意《ようい》された住居《じゅうきょ》は、ペット飼育禁止《しいくきんし》。
経済的《けいざいてき》な理由《りゆう》などから、ペットと暮《く》らせるほかの住宅《じゅうたく》を探《さが》すこともできず、
犬《いぬ》を手放《てばな》すことになりました。
譲渡先《じょうとさき》を探《さが》しましたが、身内《みうち》はすでにほかの犬《いぬ》を飼《か》っているし、
兄弟《きょうだい》も高齢《こうれい》で引《ひ》き受《う》けてもらえないとのこと。
アパートの退去期限《たいきょきげん》が迫《せま》り、施設《しせつ》に収容《しゅうよう》されました。
「この子《こ》は臆病《おくびょう》で私《わたし》にしかなつかないから、新《あたら》しい飼《か》い主《ぬし》を見《み》つけるのは無理《むり》」
……女性《じょせい》はそうも話《はな》していたといいます。
この子《こ》にとっては二度目《にどめ》の、悲《かな》しい別《わか》れとなりました。

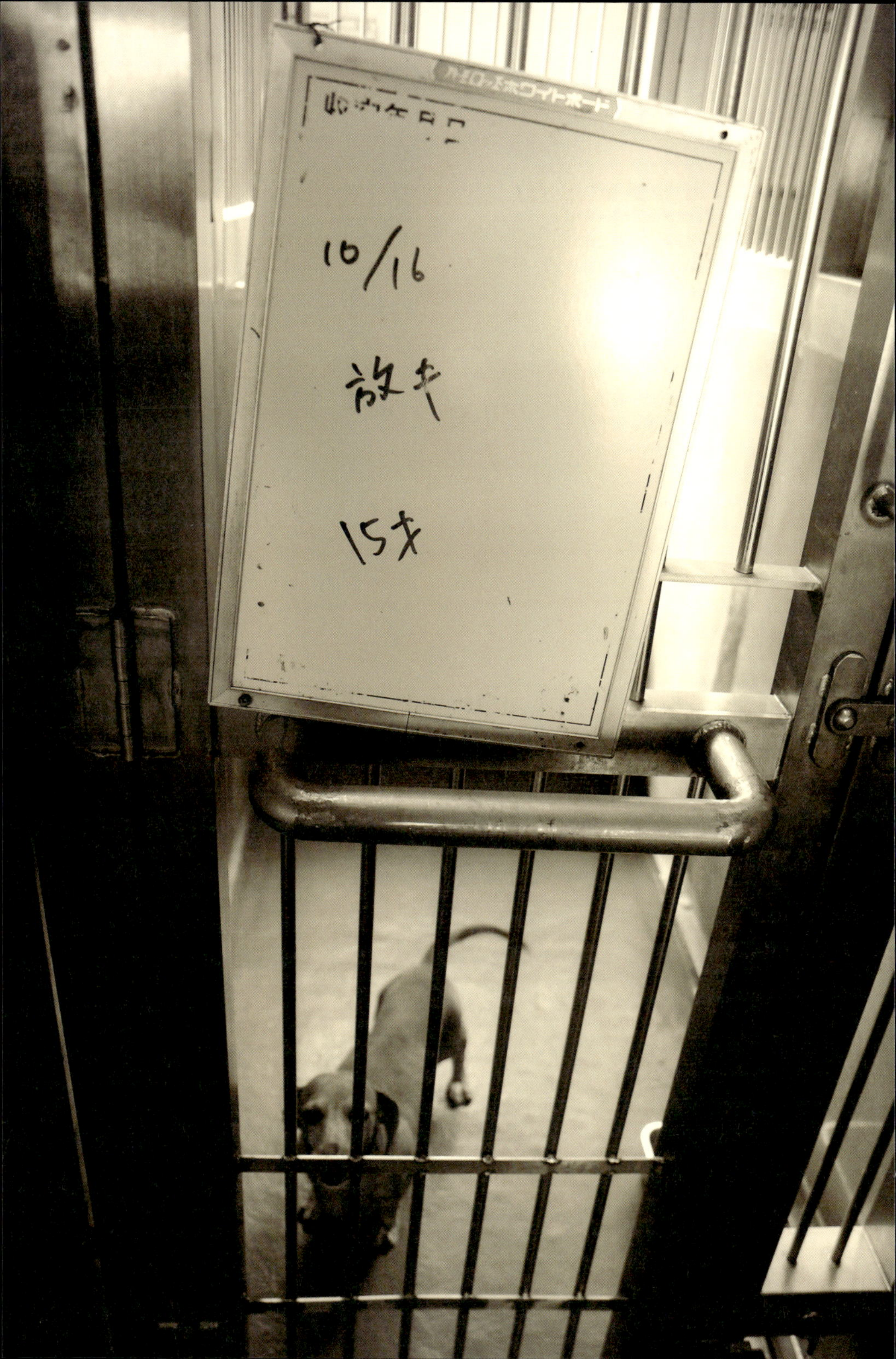
10/16
15才

あなたは、だれ？

……ここは、わたしのおうちじゃない。

おかあさん、わたしをここにつれてくる前《まえ》、悲《かな》しい顔《かお》ばっかりしてた……。
おかあさんが悲《かな》しむと、わたしもとっても悲《かな》しくなる。

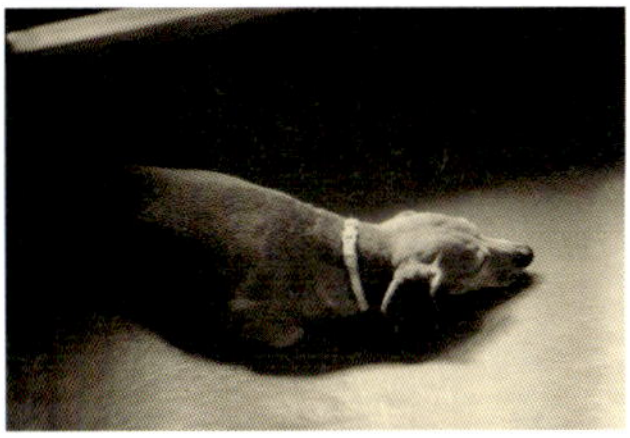

おかあさん、どうしてわたしをおいていなくなったの？
わたしのこと、もうきらいになったの？

ここから出《だ》して！

わたし、
おかあさんのところに
かえりたい……

ここは
さむくてこわくて
さみしいよ……

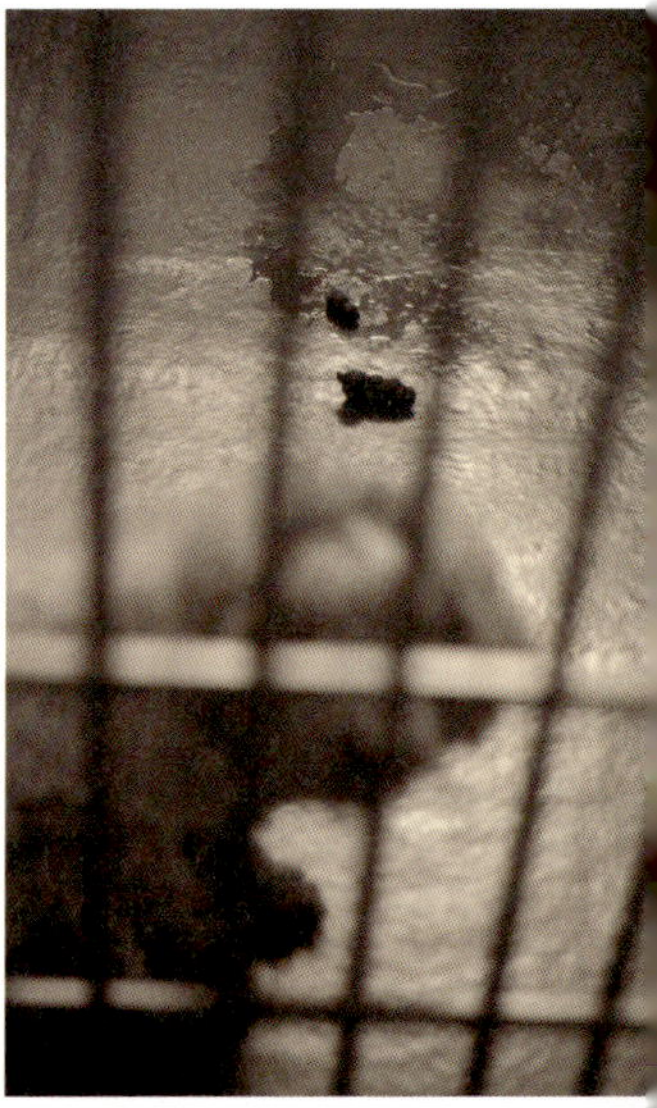

この子《こ》は、飼《か》い主《ぬし》の海外赴任《かいがいふにん》を機《き》に捨《す》てられた14歳《さい》のトイプードル。
飼《か》い主《ぬし》は、同居《どうきょ》していた親《おや》の元《もと》にこの子《こ》を残《のこ》して引《ひ》っ越《こ》しましたが、
「鳴《な》き声《ごえ》がうるさくて近所迷惑《きんじょめいわく》になる。
噛《か》み癖《ぐせ》もあるし、これ以上《いじょう》、世話《せわ》はできない」と、
母親《ははおや》が行政施設《ぎょうせいしせつ》に持《も》ち込《こ》みました。

「認知症《にんちしょう》も少《すこ》しあるようですが、
この子《こ》の立場《たちば》に立《た》って、鳴《な》いたり噛《か》んだりする理由《りゆう》を把握《はあく》し、
その原因《げんいん》を取《と》り除《のぞ》いてあげれば状況《じょうきょう》は改善《かいぜん》するし、世話《せわ》はできると思《おも》います。
ただ、『もともと子《こ》どもが飼《か》っていた犬《いぬ》なんだから自分《じぶん》には責任《せきにん》がない』
『手《て》のかかる老犬《ろうけん》の世話《せわ》を押《お》し付《つ》けられて迷惑《めいわく》だ』という思《おも》いがあり、
早《はや》く手放《てばな》したかったのでしょう……」と職員《しょくいん》さん。

捨《す》てられた理由《りゆう》④

不明《ふめい》（迷《まよ》い犬《いぬ》として捕獲《ほかく》・収容《しゅうよう》されたため）

関東地方《かんとうちほう》のある自治体《じちたい》の
行政施設《ぎょうせいしせつ》に収容《しゅうよう》されていたこの子《こ》は、
推定《すいてい》12～13歳《さい》の柴犬《しばいぬ》。

『側溝《そっこう》にはまって
動《うご》けなくなっている犬《いぬ》がいる』と
警察《けいさつ》に通報《つうほう》があり、捕獲《ほかく》しました。
体《からだ》じゅう泥《どろ》だらけで、
耳《みみ》の横《よこ》に握《にぎ》りこぶし大《だい》ぐらいの腫瘍《しゅよう》があり、
皮膚《ひふ》はグチャグチャ。
外耳炎《がいじえん》もこじらせていて……」と職員《しょくいん》さん。

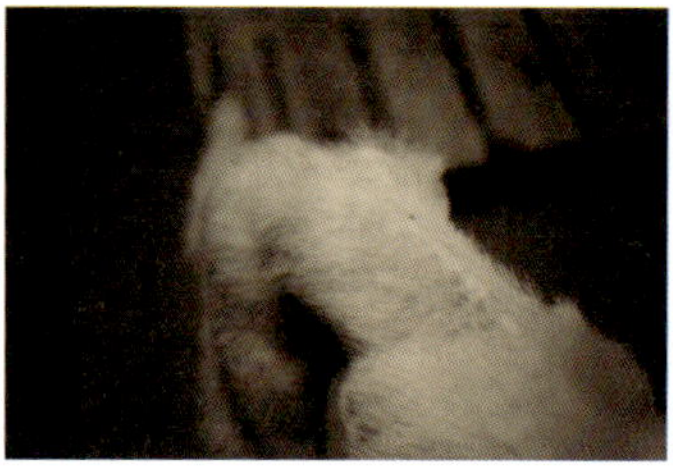

「この子《こ》も13歳《さい》ぐらいの雑種《ざっしゅ》です。
迷子《まいご》の犬《いぬ》がいると、保健所《ほけんじょ》に通報《つうほう》されました。
捕獲《ほかく》したときから皮膚《ひふ》の状態《じょうたい》が非常《ひじょう》に悪《わる》く、
結膜炎《けつまくえん》にもかかっていました。
治療《ちりょう》された形跡《けいせき》もないですし、
収容《しゅうよう》してから1カ月《げつ》経《た》っても飼《か》い主《ぬし》が現《あらわ》れないので……
捨《す》てられた可能性《かのうせい》が高《たか》いのではないかと思《おも》っています……」

「『道《みち》ばたで犬《いぬ》がうずくまっている』
『衰弱《すいじゃく》した犬《いぬ》が道路《どうろ》をふらふら歩《ある》いている』
……そんな市民《しみん》からの通報《つうほう》を受《う》けて、
行《い》ってみたら老犬《ろうけん》だった、というケースは、よくあります。
首輪《くびわ》はついていても、迷子札《まいごふだ》や鑑札《かんさつ》や注射済票《ちゅうしゃすみひょう》がついていなくて、
そのまま飼《か》い主《ぬし》が見《み》つからないということも多《おお》いです。

意図的《いとてき》に捨《す》てたのか、
いなくなったまま探《さが》していないのか……
本当《ほんとう》のことは調《しら》べようがありません。
でも、大切《たいせつ》な家族《かぞく》であるなら、
行方不明《ゆくえふめい》になったらすぐに捜索《そうさく》を始《はじ》めるはずでは？」

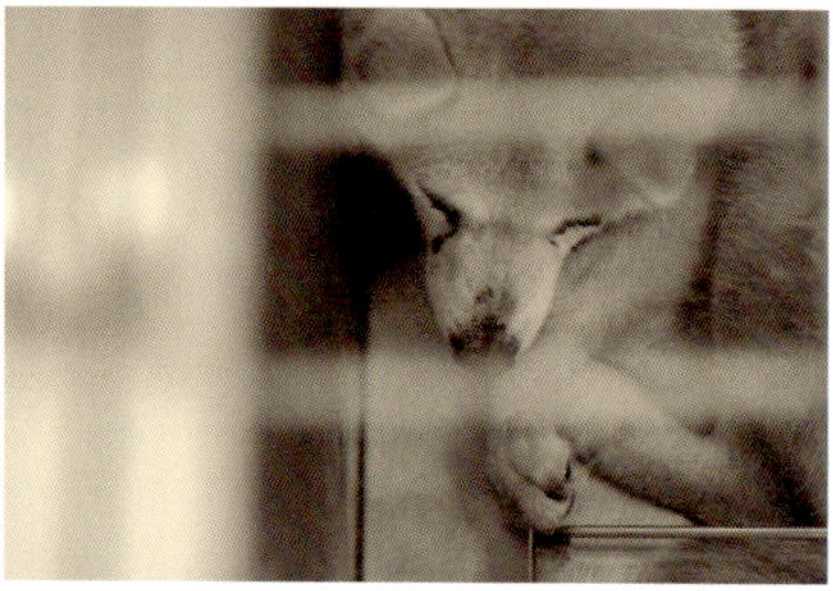

近畿地方《きんきちほう》のある施設《しせつ》の職員《しょくいん》さんは、
「うちでは、迷子《まいご》になっていて
捕獲《ほかく》・収容《しゅうよう》する犬《いぬ》の、ほとんどが老犬《ろうけん》です。
そのうち、身元《みもと》を証明《しょうめい》するもの
(鑑札《かんさつ》、注射済票《ちゅうしゃすみひょう》、迷子札《まいごふだ》、マイクロチップなど)が
着《つ》けられている子《こ》は1割《わり》もいませんね。
マイクロチップが入《はい》っている子《こ》も一部《いちぶ》いますが、
その半分《はんぶん》ほどは、飼《か》い主《ぬし》の情報《じょうほう》が登録《とうろく》されておらず、
役《やく》に立《た》たないケースも……。
現時点《げんじてん》で、迷子《まいご》になっている子《こ》を一刻《いっこく》も早《はや》く家《いえ》に帰《かえ》すのに、
一番《いちばん》、役立《やくだ》つのは、電話番号《でんわばんごう》が入《はい》った迷子札《まいごふだ》だと私《わたし》は思《おも》いますね。
電話番号《でんわばんごう》がわかれば、その子《こ》を発見《はっけん》した人《ひと》が直接《ちょくせつ》、
携帯《けいたい》で飼《か》い主《ぬし》に連絡《れんらく》することができるからです」

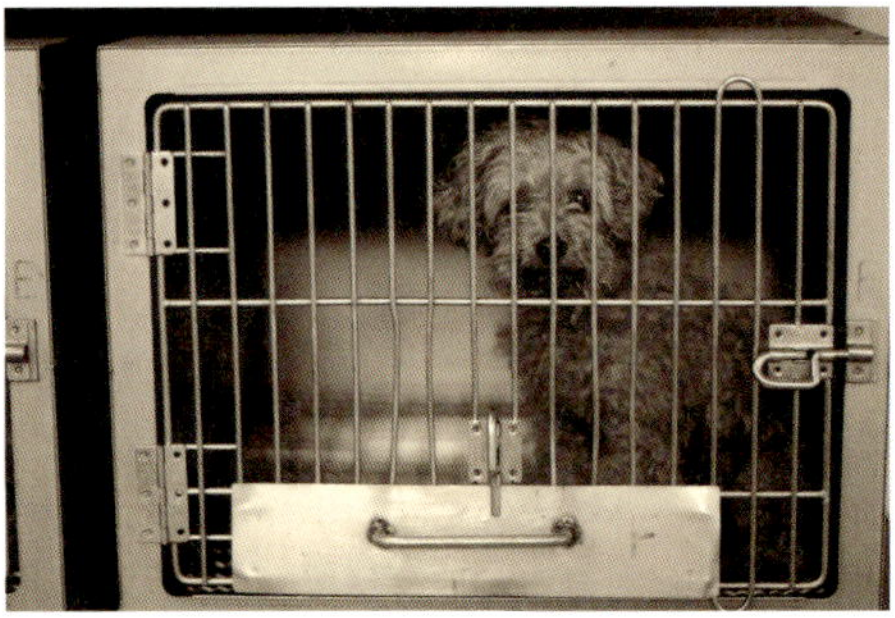

5号室

「ここの部屋《へや》には
迷子《まいご》の犬《いぬ》たちを収容《しゅうよう》していますが、
どの子《こ》もみな高齢《こうれい》ですね……」

『狂犬病《きょうけんびょう》予《よ》防法《ぼうほう》』第六条《だいろくじょう》では、
迷子《まいご》などで捕獲《ほかく》された犬《いぬ》の所有者《しょゆうしゃ》が
（公示《こうじ》から）3日《か》以内《いない》に引《ひ》き取《と》りにこない場合《ばあい》は、
「これを処分《しょぶん》することができる」と定《さだ》めています。

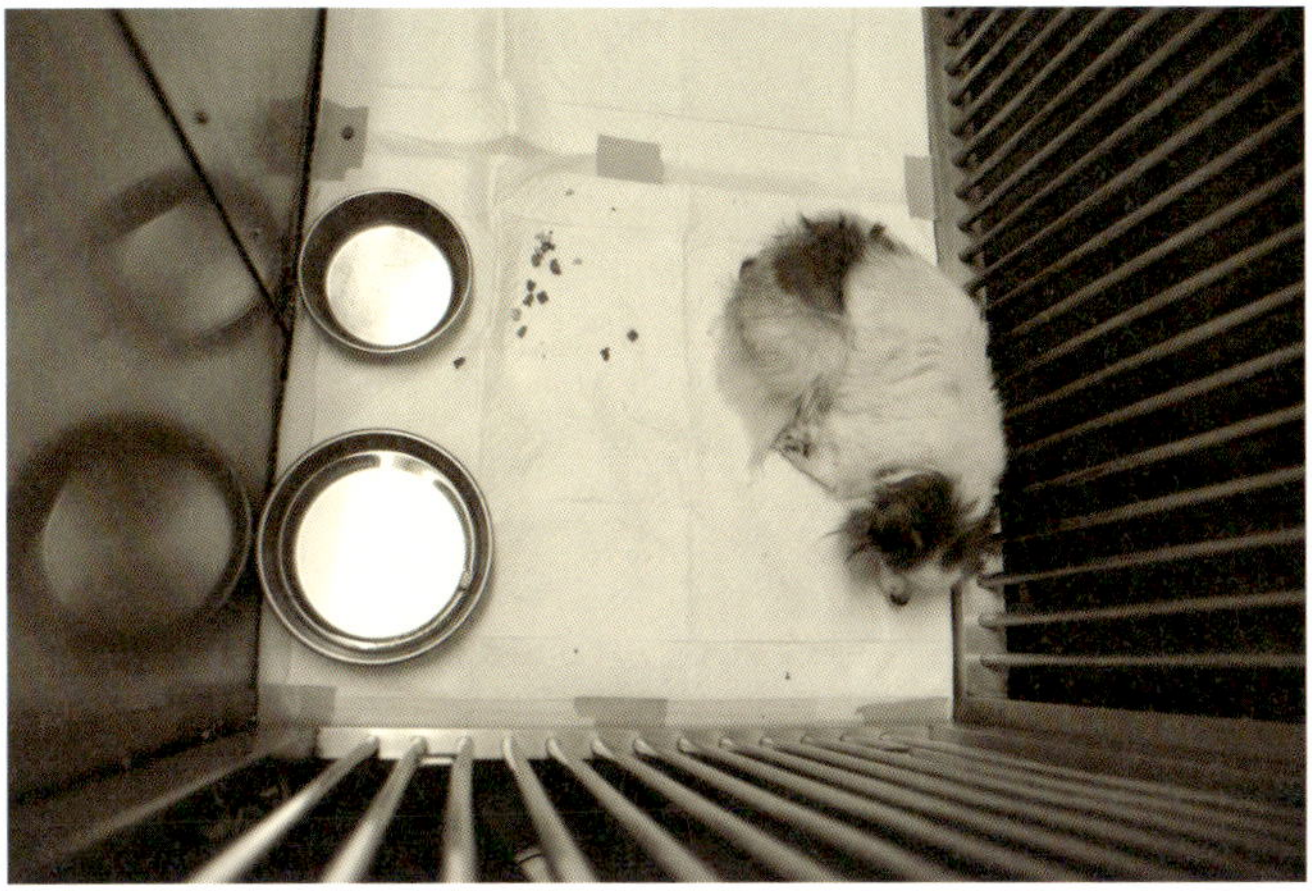

5号室

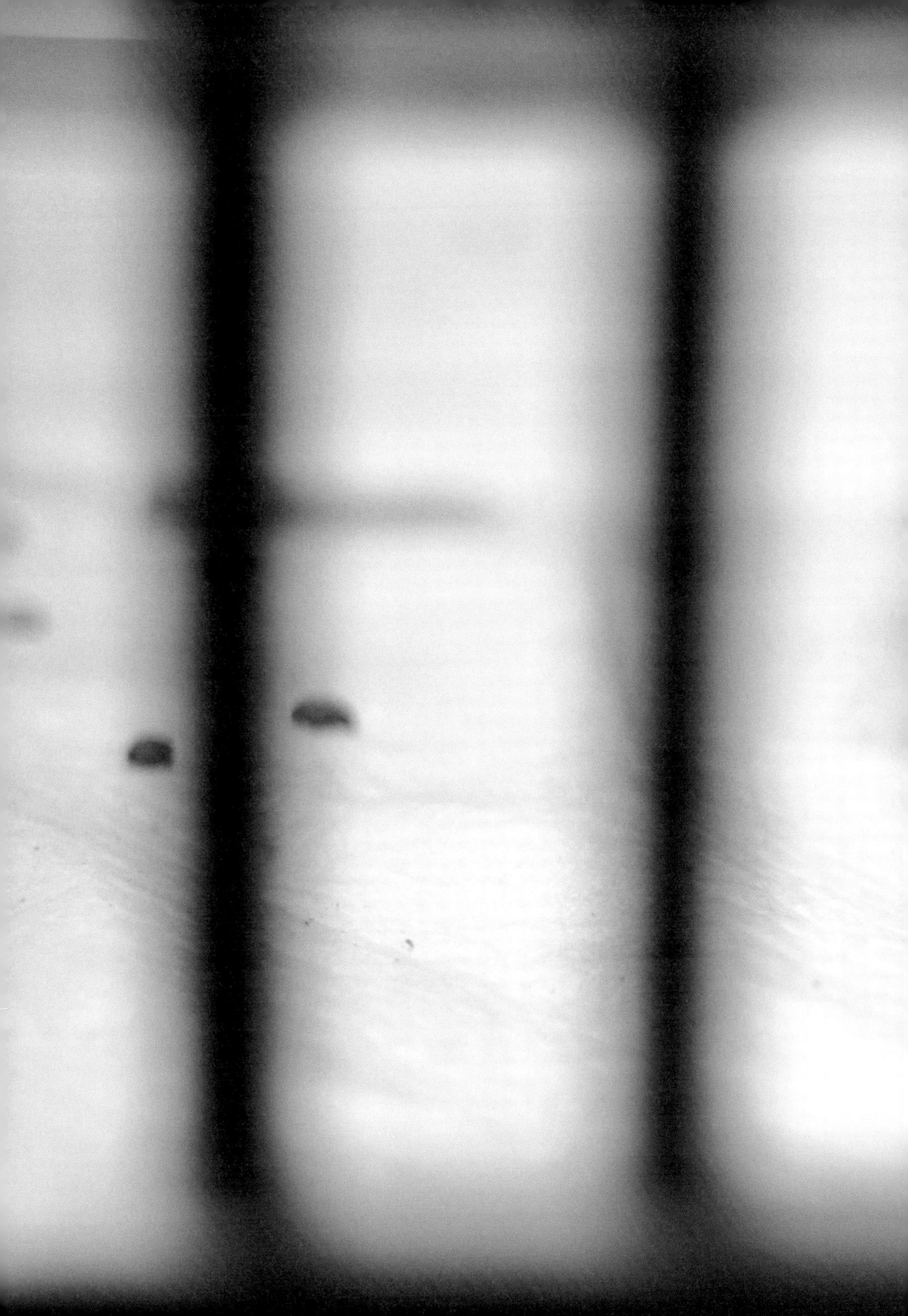

九州地方《きゅうしゅうちほう》のとある県《けん》で、行政《ぎょうせい》と連携《れんけい》しながら
老犬《ろうけん》の保護活動《ほごかつどう》に取《と》り組《く》んでおられる、ボランティアの女性《じょせい》にお話《はなし》を聞《き》きました。

「私《わたし》の県《けん》では、飼《か》い主《ぬし》が施設《しせつ》に持《も》ち込《こ》み、飼育放棄《しいくほうき》するパターンよりも、
屋外《おくがい》を放浪《ほうろう》していて捕獲《ほかく》され収容《しゅうよう》されるパターンのほうが多《おお》いように思《おも》います。
それも、歩《ある》けない老犬《ろうけん》とか、明《あき》らかに遺棄《いき》されただろうと思《おも》う老犬《ろうけん》とか……
ぼろぼろな状態《じょうたい》の老犬《ろうけん》ばかりです。
一度《いちど》も手入《てい》れされたことのないような老犬《ろうけん》、激《はげ》しい皮膚病《ひふびょう》の老犬《ろうけん》、
ケガをしている老犬《ろうけん》、腫瘍《しゅよう》を抱《かか》えている老犬《ろうけん》、骨《ほね》と皮《かわ》だけの老犬《ろうけん》、
白内障《はくないしょう》で全盲《ぜんもう》になった老犬《ろうけん》、立《た》つのがやっとの老犬《ろうけん》、寝《ね》たきりの老犬《ろうけん》、
半身麻痺《はんしんまひ》の老犬《ろうけん》、前庭疾患《ぜんていしっかん》の老犬《ろうけん》……。
人馴《ひとな》れしている老犬《ろうけん》は、ほぼいないです。
ほとんどの老犬《ろうけん》は心《こころ》が死《し》んでいて、尻尾《しっぽ》を振《ふ》る老犬《ろうけん》は、逆《ぎゃく》に珍《めずら》しいくらいです。

ある老犬《ろうけん》は、保護《ほご》されたとき服《ふく》を着《き》ていたから、迷子《まいご》だと思《おも》っていましたが、
衰弱《すいじゃく》していて、体中《からだじゅう》、癌《がん》だらけで、末期《まっき》でした。
おそらく、それで捨《す》てたんだと感《かん》じました。

捕獲《ほかく》で収容《しゅうよう》された別《べつ》の老犬《ろうけん》は、心臓《しんぞう》がかなり弱《よわ》っていて、
少《すこ》し歩《ある》いただけで、ひきつけを起《お》こしました。
てんかんのような発作《ほっさ》でした。
だから、捨《す》てたんだなと思《おも》いました。
また別《べつ》の子《こ》も捕獲《ほかく》でしたが、
前庭疾患《ぜんていしっかん》で顔《かお》がずっと斜《なな》めに傾《かたむ》いていて、
自分《じぶん》で脱走《だっそう》できる力《ちから》はなかったはずです。
やはり捨《す》てられたんだと思《おも》います。
その子《こ》ほどノミ・ダニが酷《ひど》い老犬《ろうけん》を見《み》たのは初《はじ》めてでした。

また別《べつ》の子《こ》は、
ガリガリに痩《や》せているわりにお腹《なか》が張《は》っていて、
咳《せき》も激《はげ》しく……フィラリア末期《まっき》でした。
とても自力《じりき》で家《いえ》から脱走《だっそう》する体力《たいりょく》なんてない子《こ》でしたので、
遺棄《いき》だと思《おも》っています。

そのほかにも、
陰部《いんぶ》に大《おお》きな腫瘍《しゅよう》を抱《かか》えていた子《こ》、
肛門《こうもん》に大《おお》きな腫瘍《しゅよう》を抱《かか》えていた子《こ》、
皮膚病《ひふびょう》でほとんど毛《け》がなかった子《こ》、
全盲《ぜんもう》で腫瘍《しゅよう》と変形性腰椎症《へんけいせいようついしょう》の末期状態《まっきじょうたい》の子《こ》……
どの子《こ》も、飼《か》い主《ぬし》による遺棄《いき》だと思《おも》います。
センターに収容《しゅうよう》された老犬《ろうけん》は、
私《わたし》たちの団体《だんたい》で全頭《ぜんとう》レスキューしていますが、
今《いま》お話《はな》しした老犬《ろうけん》たちは、ほとんど亡《な》くなりました。
保護《ほご》した老犬《ろうけん》たちを介護《かいご》して看取《みと》るたびに思《おも》うことは、
自分《じぶん》のお家《うち》……
たとえどんな飼《か》い主《ぬし》でも、
飼《か》い主《ぬし》の元《もと》で最期《さいご》を迎《むか》えたかっただろうなぁって。
老犬《ろうけん》が飼育放棄《しいくほうき》されるとき、
飼《か》い主《ぬし》が高齢《こうれい》になり、亡《な》くなり、というケースも多《おお》いですが、
生活《せいかつ》が苦《くる》しくて癌《がん》などの手術費用《しゅじゅつひよう》が工面《くめん》できない、介護《かいご》ができない、
介護疲《かいごづか》れから、手放《てばな》したいという飼《か》い主《ぬし》のほうが、さらに多《おお》いです。
私《わたし》たちの県《けん》では、そう感《かん》じます」

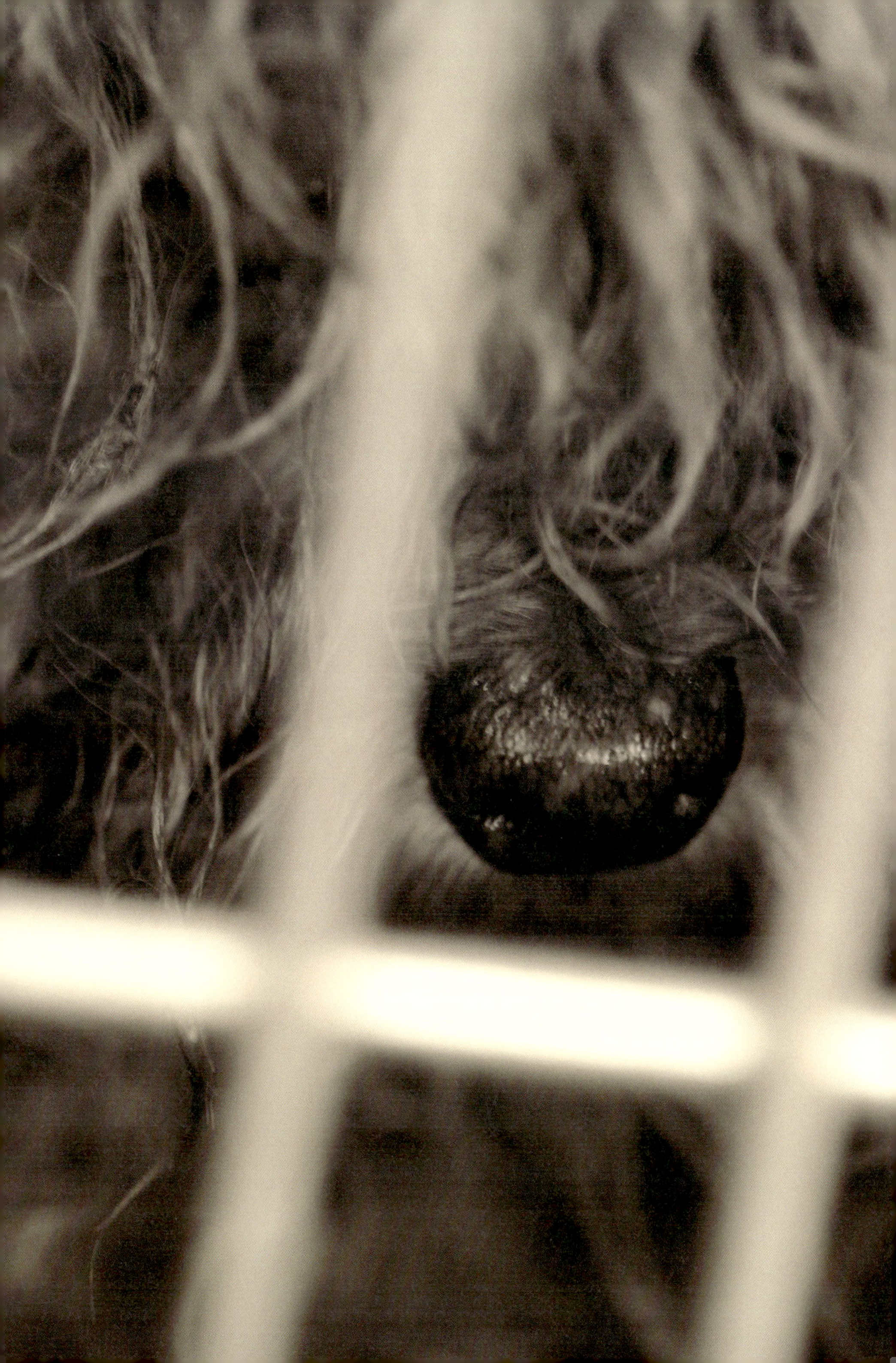

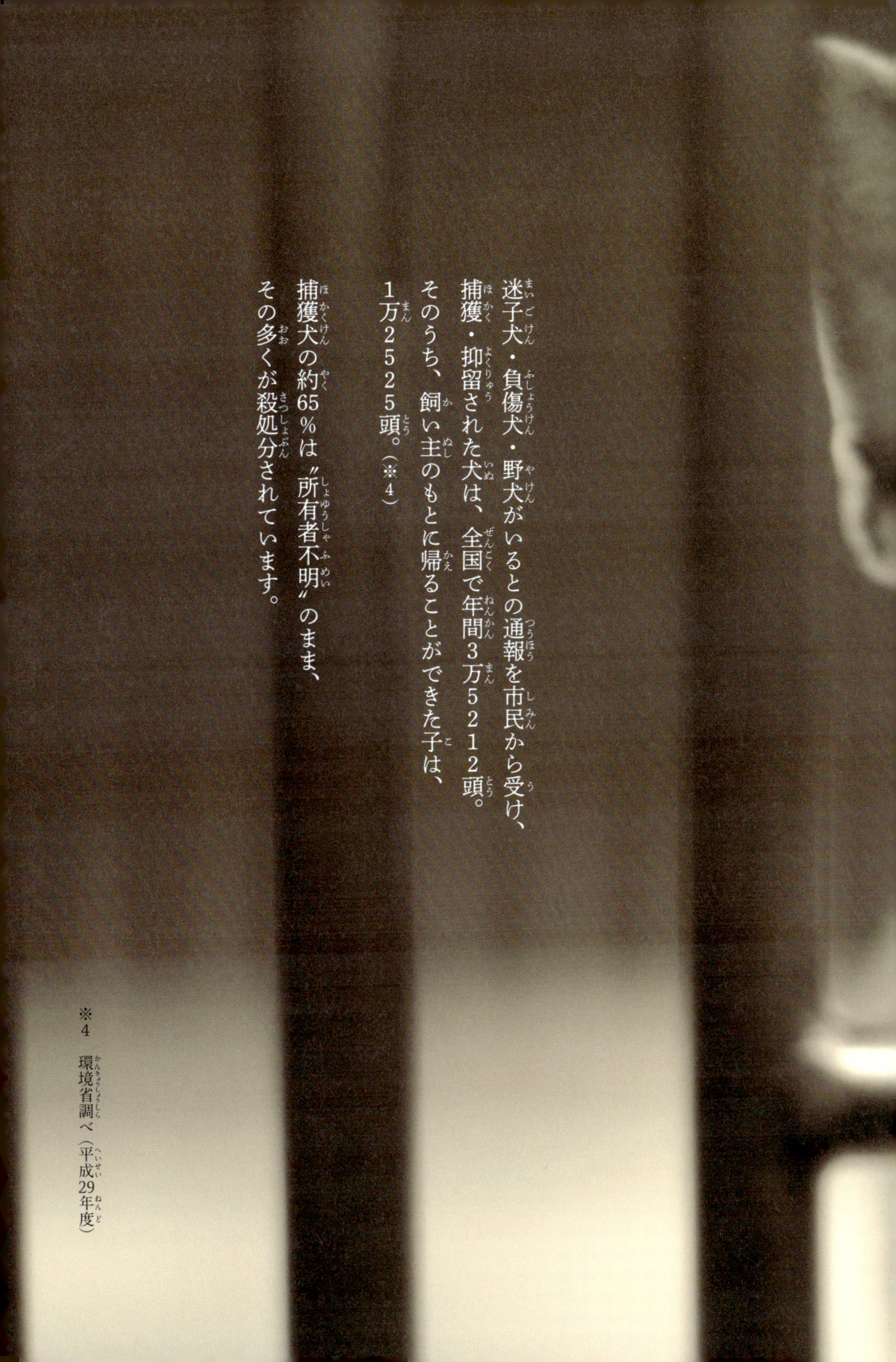

迷子犬《まいごけん》・負傷犬《ふしょうけん》・野犬《やけん》がいるとの通報《つうほう》を市民《しみん》から受《う》け、
捕獲《ほかく》・抑留《よくりゅう》された犬《いぬ》は、全国《ぜんこく》で年間《ねんかん》3万《まん》5212頭《とう》。
そのうち、飼《か》い主《ぬし》のもとに帰《かえ》ることができた子《こ》は、
1万《まん》2525頭《とう》。（※4）

捕獲犬《ほかくけん》の約《やく》65％は〝所有者不明《しょゆうしゃふめい》〟のまま、
その多《おお》くが殺処分《さつしょぶん》されています。

※4　環境省《かんきょうしょう》調《しら》べ（平成《へいせい》29年度《ねんど》）

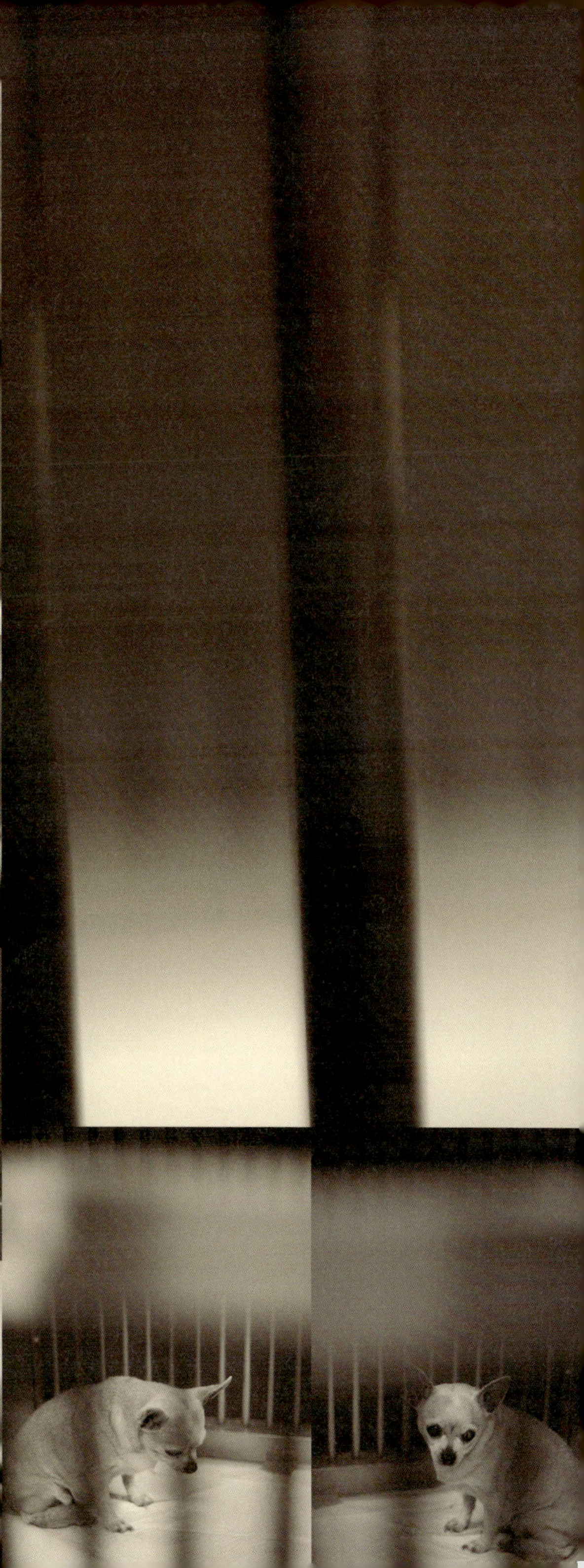

今《いま》、この瞬間《しゅんかん》にも、
全国《ぜんこく》の動物収容施設《どうぶつしゅうようしせつ》には、
人知《ひとし》れず失《うしな》われようとしている
無垢《むく》な命《いのち》があります。

愛《あい》する家族《かぞく》に見捨《みす》てられた老犬《ろうけん》たちの
哀《かな》しい声《こえ》が響《ひび》いています。

そして、そんな老犬《ろうけん》たちの命《いのち》と心《こころ》を守《まも》り、
救《すく》うために奔走《ほんそう》する、
職員《しょくいん》さんやボランティアさんたちの姿《すがた》があります。

これまでに犠牲《ぎせい》となっていった子《こ》たちの
死《し》を無駄《むだ》にしないため、
傷《きず》ついた老犬《ろうけん》たちの心《こころ》を癒《いや》し、
再《ふたた》び笑顔《えがお》を取《と》り戻《もど》すために、
私《わたし》たちに今《いま》、
できることがあります。

老犬《ろうけん》の〝いのち〟と〝こころ〟を守《まも》り、救《すく》うために、

私《わたし》たちにできる14のこと

1 終生飼養《しゅうせいしよう》の覚悟《かくご》

「終生飼養《しゅうせいしよう》」とは、「飼育《しいく》している動物《どうぶつ》が、その寿命《じゅみょう》を迎《むか》えるまで、適切《てきせつ》に養《やしな》い育《そだ》てる」こと。『動物《どうぶつ》の愛護及《あいごおよ》び管理《かんり》に関《かん》する法律《ほうりつ》』にも〝飼《か》い主《ぬし》の努力義務《どりょくぎむ》〟として明記《めいき》されています。

また、犬《いぬ》の飼育《しいく》を放棄《ほうき》し、町《まち》なかや公園《こうえん》、山林《さんりん》や河川敷《かせんじき》などに〝捨《す》てる〟（＝遺棄《いき》する）ことは、同法《どうほう》で禁《きん》じられた犯罪行為《はんざいこうい》です（遺棄《いき》した者《もの》には１００万円以下《まんえんいか》の罰金刑《ばっきんけい》が科《か》されます）。

犬《いぬ》の老化《ろうか》は、小《こ》・中型犬《ちゅうがたけん》で7歳頃《さいころ》、大型犬《おおがたけん》では5歳頃《さいころ》から徐々《じょじょ》に始《はじ》まります。平均的《へいきんてき》な寿命《じゅみょう》は小《こ》・中型犬《ちゅうがたけん》で13〜15歳《さい》、大型犬《おおがたけん》は10〜13歳《さい》くらいといわれていますが、個《こ》

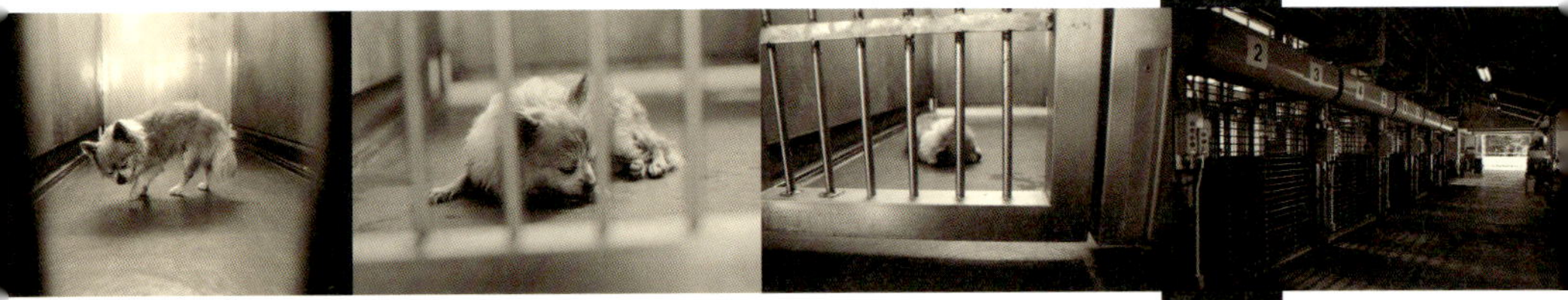

体差《たいさ》があり、中《なか》には20歳《さい》くらいまで生《い》きる長寿犬《ちょうじゅけん》もいます。

犬《いぬ》と暮《く》らし始《はじ》める前《まえ》に、今一度《いまいちど》、自問《じもん》してください。高齢《こうれい》になった犬《いぬ》の病気治療《びょうきちりょう》や通院《つういん》・看護《かんご》、介護《かいご》、看取《みと》りまでを見据《みす》えた上《うえ》で、肉体面《にくたいめん》・精神面《せいしんめん》・経済面《けいざいめん》すべてにおいて、その子《こ》が天寿《てんじゅ》をまっとうするまで責任《せきにん》と愛情《あいじょう》をもって世話《せわ》をし続《つづ》ける覚悟《かくご》が自《じ》分《ぶん》にあるのかを。もしもそれがないのであれば、飼《か》うことを諦《あきら》めるのも、ひとつの愛《あい》情《じょう》です。

「そのうち飼《か》えなくなったら、誰《だれ》か新《あたら》しい飼《か》い主《ぬし》に譲《ゆず》ればいい」と、安易《あんい》に考《かんが》えないでください。愛《あい》する〝家族《かぞく》〟との別《わか》れは、犬《いぬ》に深《ふか》い喪失感《そうしつかん》と哀《かな》しみをもたらします。命《いのち》ある限《かぎ》り、変《か》わることなく、大好《だいす》きな飼《か》い主《ぬし》のそばで生《い》きることが、犬《いぬ》にとって何《なに》よりの幸《しあわ》せなのです。

2 介護《かいご》サポーターを見《み》つける

重《おも》い病気《びょうき》を患《わずら》ったり、認知症《にんちしょう》や寝《ね》たきりになった老犬《ろうけん》の介護《かいご》は、通院《つういん》や投薬《とうやく》、食《しょく》事《じ》・排泄《はいせつ》の介助《かいじょ》や、床《とこ》ずれ防止《ぼうし》のための体位変換《たいいへんかん》、不安《ふあん》がる老犬《ろうけん》への付《つ》き添《そ》いや声《こえ》かけなど、時《とき》に24時間体制《じかんたいせい》でのサポートが必要《ひつよう》になることもあり、心身《しんしん》ともに大変《たいへん》な労《ろう》力《りょく》がかかります。

その結果《けっか》、一人《ひとり》で思《おも》い詰《つ》めた挙《あ》げ句《く》、ネグレクト（必要《ひつよう》な世話《せわ》をせず放置《ほうち》する）状《じょう》態《たい》に陥《おちい》ったり、犬《いぬ》を手放《てばな》す（遺棄《いき》したり、行政施設《ぎょうせいしせつ》に持《も》ち込《こ》んで殺処分《さっしょぶん》する）という

不幸《ふこう》な結果《けっか》に行《い》き着《つ》いてしまうことも。

そうなってしまう前《まえ》に、家族《かぞく》や親戚《しんせき》や友人《ゆうじん》・知人《ちじん》、動物介護《どうぶつかいご》を専門《せんもん》とするペットシッターさんなどにSOSを出《だ》し、協力《きょうりょく》を得《え》るようにしましょう。たとえわずかな時間《じかん》でも、信頼《しんらい》できる協力者《きょうりょくしゃ》に介護《かいご》をバトンタッチすることで心身《しんしん》ともにリフレッシュできますし、その子《こ》の様子《ようす》について話《はな》し合《あ》い、悩《なや》みを分《わ》かち合《あ》える仲間《なかま》がいれば心強《こころづよ》く、一人《ひとり》で負担《ふたん》を抱《かか》えていたときよりもずっと優《やさ》しい気持《きも》ちで、愛《あい》する老犬《ろうけん》と向《む》き合《あ》えるようになるかもしれません。

3 困《こま》ったときは早《はや》めに相談《そうだん》

自身《じしん》の健康問題《けんこうもんだい》や、犬《いぬ》の病気《びょうき》や介護《かいご》、噛《か》み癖《ぐせ》や鳴《な》き癖《ぐせ》、近隣《きんりん》トラブル、引《ひ》っ越《こ》し、新《あたら》しい飼《か》い主探《ぬしさが》しなど、悩《なや》みや問題《もんだい》への有効《ゆうこう》な対処法《たいしょほう》が見《み》つからないままに放置《ほうち》した末《すえ》、「もう犬《いぬ》を手放《てばな》したい……」「今《いま》すぐ引《ひ》き取《と》ってもらわないと……」と切羽《せっぱ》詰《つ》まってしまうケースも。

そうなる前《まえ》の早《はや》い段階《だんかい》で、地域《ちいき》の民生委員《みんせいいいん》やケアマネージャー、動物愛護《どうぶつあいご》センター、動物病院《どうぶつびょういん》、ドッグトレーナー、行動診療獣医師《こうどうしんりょうじゅういし》、ペットシッターなど、福祉担当者《ふくしたんとうしゃ》や動物《どうぶつ》の専門家《せんもんか》に相談《そうだん》し、最善《さいぜん》の解決策《かいけつさく》を見《み》つけるようにしましょう。犬《いぬ》の介護経験《かいごけいけん》を積《つ》んだ動物病院《どうぶつびょういん》スタッフやペットシッターからは、介護《かいご》の方法《ほうほう》や介護《かいご》に役立《やくだ》つグッズなどの、有益《ゆうえき》な情報《じょうほう》を得《え》ることができます。

「やむを得《え》ない事情《じじょう》で飼《か》い続《つづ》けられなくなってしまったときに、次《つぎ》の飼《か》い主《ぬし》を探《さが》したくても、その方法《ほうほう》がわからない方《かた》がおられます。親族《しんぞく》や知《し》り合《あ》いに直接《ちょくせつ》、当《あ》たるだけでなく、新聞《しんぶん》やネットの『ペット譲《ゆず》りますコーナー』に掲載《けいさい》する、動物病院《どうぶつびょういん》に募集《ぼしゅう》チラシを貼《は》るなど、方法《ほうほう》はいろいろあります。施設入所《しせつにゅうしょ》や入院《にゅういん》、引《ひ》っ越《こ》しなどの期限《きげん》ギリギリになるほど、できるアドバイスは限《かぎ》られてくるので、『ちょっと困《こま》った……』ぐらいの初期《しょき》の段階《だんかい》で、気軽《きがる》に相談《そうだん》してもらいたい」と行政職員《ぎょうせいしょくいん》さん。

4 犬《いぬ》のための貯蓄《ちょちく》

犬《いぬ》の生涯飼育《しょうがいしいく》にかかる費用《ひよう》（フード、おやつ、おもちゃ、ペットシーツ、病気治療《びょうきちりょう》、トリミング、ノミ・ダニ・フィラリア予防《よぼう》、光熱費《こうねつひ》〈留守番時《るすばんじ》のエアコン代《だい》ほか〉など）は、一般的《いっぱんてき》に小型犬《こがたけん》で３５０万《まん》、中型犬《ちゅうがたけん》で４６０万《まん》、大型犬《おおがたけん》で５７０万円《まんえん》くらいと言《い》われていますが、入院《にゅういん》や手術《しゅじゅつ》、ペット保険料《ほけんりょう》、賃料《ちんりょう》が割高《わりだか》になりがちな〝ペット飼育可《しいくか》〟物件《ぶっけん》での居住費《きょじゅうひ》などが加《くわ》われば、さらに経済的《けいざいてき》な負担《ふたん》は増《ふ》えます。

そんな中《なか》、老犬《ろうけん》の病気治療《びょうきちりょう》や介護《かいご》が必要《ひつよう》になったとき、その子《こ》のためだけに使《つか》えるお金《かね》が貯蓄《ちょちく》してあれば、経済的《けいざいてき》な心配《しんぱい》をすることなく、お世話《せわ》に専念《せんねん》でき、必要《ひつよう》に応《おう》じて動物病院《どうぶつびょういん》で適切《てきせつ》な医療《いりょう》を受《う》けたり、ペットシッターに介護《かいご》への協力《きょうりょく》を依頼《いらい》することもできます。

5 犬《いぬ》の健康管理《けんこうかんり》

近年《きんねん》、動物医療《どうぶついりょう》の進歩《しんぽ》や、食事《しょくじ》の質《しつ》の向上《こうじょう》、外飼《そとが》いから室内飼《しつないが》いへの移行《いこう》などによって犬《いぬ》の寿命《じゅみょう》は延《の》びており、〝高齢犬《こうれいけん》〟として過《す》ごす期間《きかん》が増《ふ》えています。と同時《どうじ》に、加齢《かれい》とともに現《あらわ》れる症状《しょうじょう》や病気《びょうき》のリスクも増《ま》しています。

犬《いぬ》たちが生涯《しょうがい》、できる限《かぎ》り健康的《けんこうてき》に安心《あんしん》して暮《く》らせるよう、老化《ろうか》にともなう症状《しょうじょう》や健康状態《けんこうじょうたい》の変化《へんか》に合《あ》わせた適切《てきせつ》な食事内容《しょくじないよう》や適度《てきど》な運動《うんどう》、環境整備《かんきょうせいび》（バリアフリー化《か》など）などを工夫《くふう》し、病気《びょうき》・怪我《けが》・ストレスの予防《よぼう》に努《つと》めましょう。

また、望《のぞ》まない繁殖《はんしょく》を避《さ》けるだけでなく、病気《びょうき》（乳腺腫瘍《にゅうせんしゅよう》、子宮蓄膿症《しきゅうちくのうしょう》、精巣腫瘍《せいそうしゅよう》、肛門周辺腺腫《こうもんしゅうへんせんしゅ》など）や、発情期《はつじょうき》のストレス・攻撃行動《こうげきこうどう》・マーキングなどを予防《よぼう》するため、できれば初回《しょかい》の発情《はつじょう》を迎《むか》える前《まえ》に不妊去勢手術《ふにんきょせいしゅじゅつ》を受《う》けさせましょう。

6 正《ただ》しいしつけ

しつけが十分《じゅうぶん》できていないせいで、「噛《か》み癖《ぐせ》がある」「無駄吠《むだぼ》えする」などの〝問題《もんだい》行動《こうどう》〟や近隣《きんりん》トラブルが起《お》こり、結果《けっか》、その子《こ》との生活《せいかつ》が苦痛《くつう》になって、「もう手放《てばな》したい……」と犬《いぬ》を施設《しせつ》に持《も》ち込《こ》む人《ひと》がいます。

子犬《こいぬ》のときから、アイコンタクトやオスワリ・フセ・マテなど基本《きほん》のしつけに加《くわ》え、

トイレや散歩《さんぽ》の練習《れんしゅう》、甘噛《あまが》み・拾《ひろ》い食《ぐ》いの予防《よぼう》など、家庭《かてい》や社会《しゃかい》の一員《いちいん》として暮《く》らす上《うえ》で必要《ひつよう》なしつけやトレーニングをしっかりしておくことが大切《たいせつ》です。「老犬《ろうけん》になってトイレが近《ちか》くなったり、介護《かいご》が必要《ひつよう》になったときのためにも、できれば、室内《しつない》のトイレで排泄《はいせつ》できるよう習慣《しゅうかん》づけておくことをおすすめします」と行政施設《ぎょうせいしせつ》の職員《しょくいん》さん。

犬《いぬ》のしつけについては、本《ほん》やネットでも学《まな》べますし、最近《さいきん》は、全国《ぜんこく》の行政施設《ぎょうせいしせつ》やペットショップなどでも様々《さまざま》なプログラムで「しつけ方教室《かたきょうしつ》」が開《ひら》かれています。

7 鑑札《かんさつ》と注射済票《ちゅうしゃすみひょう》、迷子札《まいごふだ》をつける

犬《いぬ》の登録《とうろく》をした際《さい》にもらえる鑑札《かんさつ》と、狂犬病予防接種《きょうけんびょうよぼうせっしゅ》を受《う》けたときにもらえる注射《ちゅうしゃ》済票《すみひょう》を首輪《くびわ》に着《つ》けておけば、万《まん》が一《いち》、犬《いぬ》が何《なに》かのきっかけで行方不明《ゆくえふめい》になって捕獲《ほかく》された場合《ばあい》、番号《ばんごう》を照会《しょうかい》することによって飼《か》い主《ぬし》が判明《はんめい》します。

また、鑑札《かんさつ》・注射済票《ちゅうしゃすみひょう》に加《くわ》えて、電話番号《でんわばんごう》が書《か》かれた首輪《くびわ》や迷子札《まいごふだ》を着《つ》けておけば、発見《はっけん》してくれた人《ひと》が直接《ちょくせつ》、飼《か》い主《ぬし》に電話連絡《でんわれんらく》することができ、早《はや》い段階《だんかい》で迎《むか》えに行《い》ける可能性《かのうせい》が高《たか》まります。迷子《まいご》になった子《こ》が不安《ふあん》な思《おも》いをする時間《じかん》を少《すこ》しでも短《みじか》くするためにも、首輪《くびわ》には必《かなら》ず、電話番号《でんわばんごう》の記載《きさい》された迷子札《まいごふだ》を着《つ》けておいてください。

ちなみに『狂犬病予防法《きょうけんびょうよぼうほう》』では、犬《いぬ》の登録《とうろく》や鑑札《かんさつ》・注射済票《ちゅうしゃすみひょう》の装着《そうちゃく》を飼《か》い主《ぬし》に義務《ぎむ》づけており、怠《おこた》った場合《ばあい》は「二十万円以下《にじゅうまんえんいか》の罰金《ばっきん》に処《しょ》する」としています。

8 行方《ゆくえ》不明《ふめい》になったら、すぐに捜索《そうさく》

視覚《しかく》、聴覚《ちょうかく》、嗅覚《きゅうかく》が衰《おとろ》えていたり、足腰《あしこし》が弱《よわ》っていたり、認知症《にんちしょう》にかかっている老《ろう》犬《けん》が、何《なに》らかの事情《じじょう》で迷子《まいご》になってしまったとき、自力《じりき》で家《いえ》にたどりつくことが難《むずか》しい場合《ばあい》があります。

認知症《にんちしょう》の症状《しょうじょう》として、徘徊《はいかい》や旋回行動《せんかいこうどう》に加《くわ》え、体《からだ》の方向転換《ほうこうてんかん》や後《あと》ずさりが難《むずか》しくなるため、一定方向《いっていほうこう》に向《む》かって歩《ある》き続《つづ》けているうちに、思《おも》いがけず遠《とお》くの町《まち》まで行《い》ってしまったり、狭《せま》い隙間《すきま》や溝《みぞ》に入《はい》り込《こ》んだまま出《で》られなくなってしまうケースも。

もしも行方不明《ゆくえふめい》になったら、「仕方《しかた》がない」「そのうち、帰《かえ》ってくるだろう」「探《さが》し方《かた》がわからない」などと放置《ほうち》せず、すぐに管轄《かんかつ》の市役所《しやくしょ》、保健所《ほけんじょ》、動物病院《どうぶつびょういん》や清掃局《せいそうきょく》（事故《じこ》に遭《あ》って運《はこ》び込《こ》まれている可能性《かのうせい》があるため）など関係機関《かんけいきかん》に届《とど》け出《で》て、探《さが》し始《はじ》めてください。遠方《えんぽう》まで歩《ある》いて行《い》っている可能性《かのうせい》も考《かんが》え、地元《じもと》だけでなく近隣《きんりん》の市町村《しちょうそん》にも連絡《れんらく》しておきましょう。収容中《しゅうようちゅう》の迷子犬情報《まいごけんじょうほう》をホームページに掲載《けいさい》している自治体《じちたい》もありますので、そちらもチェックしてください。

それと同時《どうじ》に、その子《こ》の写真《しゃしん》や特徴《とくちょう》を掲載《けいさい》した「迷《まよ》い犬探《いぬさが》してますチラシ」を作《つく》って、近隣《きんりん》にポスティングする、地域《ちいき》の犬仲間《いぬなかま》が集《あつ》まる場所《ばしょ》（公園《こうえん》や散歩道《さんぽみち》など）で配《はい》布《ふ》する、ネットやタウン誌《し》、新聞《しんぶん》などの「迷子犬探《まいごけんさが》してますコーナー」に投稿《とうこう》する、ペット探偵《たんてい》に依頼《いらい》するなど、ありとあらゆる手段《しゅだん》を使《つか》って捜索《そうさく》してください。

発見《はっけん》までの期間《きかん》が延《の》びれば延《の》びるほど、交通事故《こうつうじこ》や虐待《ぎゃくたい》、怪我《けが》や飢餓《きが》による衰弱《すいじゃく》といったリスクが増《ま》していきます。

9　犬《いぬ》の老化現象《ろうかげんしょう》や、老犬《ろうけん》がかかりやすい病気《びょうき》、介護《かいご》やサポートについて学《まな》ぶ

老化《ろうか》のサイン（筋力《きんりょく》が落《お》ちて足腰《あしこし》が細《ほそ》くなる、食欲《しょくよく》が落《お》ちたり食事《しょくじ》の好《この》みが変《か》わる、寝《ね》ている時間《じかん》が増《ふ》える、以前《いぜん》ほど散歩《さんぽ》を喜《よろこ》ばなくなる、トイレを我慢《がまん》しづらく粗相《そそう》をする、目《め》が白《しろ》く濁《にご》る、毛《け》やヒゲが白《しろ》くなるなど）や、老犬《ろうけん》がかかりやすい病気《びょうき》（癌《がん》、心臓病《しんぞうびょう》、腎不全《じんふぜん》、糖尿病《とうにょうびょう》、認知症《にんちしょう》、関節炎《かんせつえん》など）、その予防《よぼう》や治療《ちりょう》、介護《かいご》やサポートの方法《ほうほう》について、あらかじめ学《まな》んでおくことで、いざというとき、老犬《ろうけん》が安心《あんしん》して快《かい》適《てき》に暮《く》らせるよう、より適切《てきせつ》に対処《たいしょ》してあげることができます。たとえば、足腰《あしこし》の筋《きん》肉《にく》が弱《よわ》り、踏《ふ》ん張《ば》りがきかなくなってきた場合《ばあい》、高《たか》さのある台《だい》に食事《しょくじ》を置《お》く、床《ゆか》に滑《すべ》り止《ど》めマットを敷《し》く、段差《だんさ》を解消《かいしょう》するスロープやステップ（階段《かいだん》／踏《ふ》み台《だい》）を設置《せっち》するなど、工夫《くふう》してあげることで、老犬《ろうけん》の負担《ふたん》やストレスが減《へ》ります。

10　老犬《ろうけん》の気持《きも》ちを理解《りかい》する

人間《にんげん》であれば、加齢《かれい》や病気《びょうき》による心身《しんしん》の衰《おとろ》えや不調《ふちょう》を感《かん》じたら、老化現象《ろうかげんしょう》だと自覚《じかく》したり、病院《びょういん》を受診《じゅしん》したりする中《なか》で、自分《じぶん》の状態《じょうたい》について理解《りかい》・納得《なっとく》し、受《う》け入《い》れる

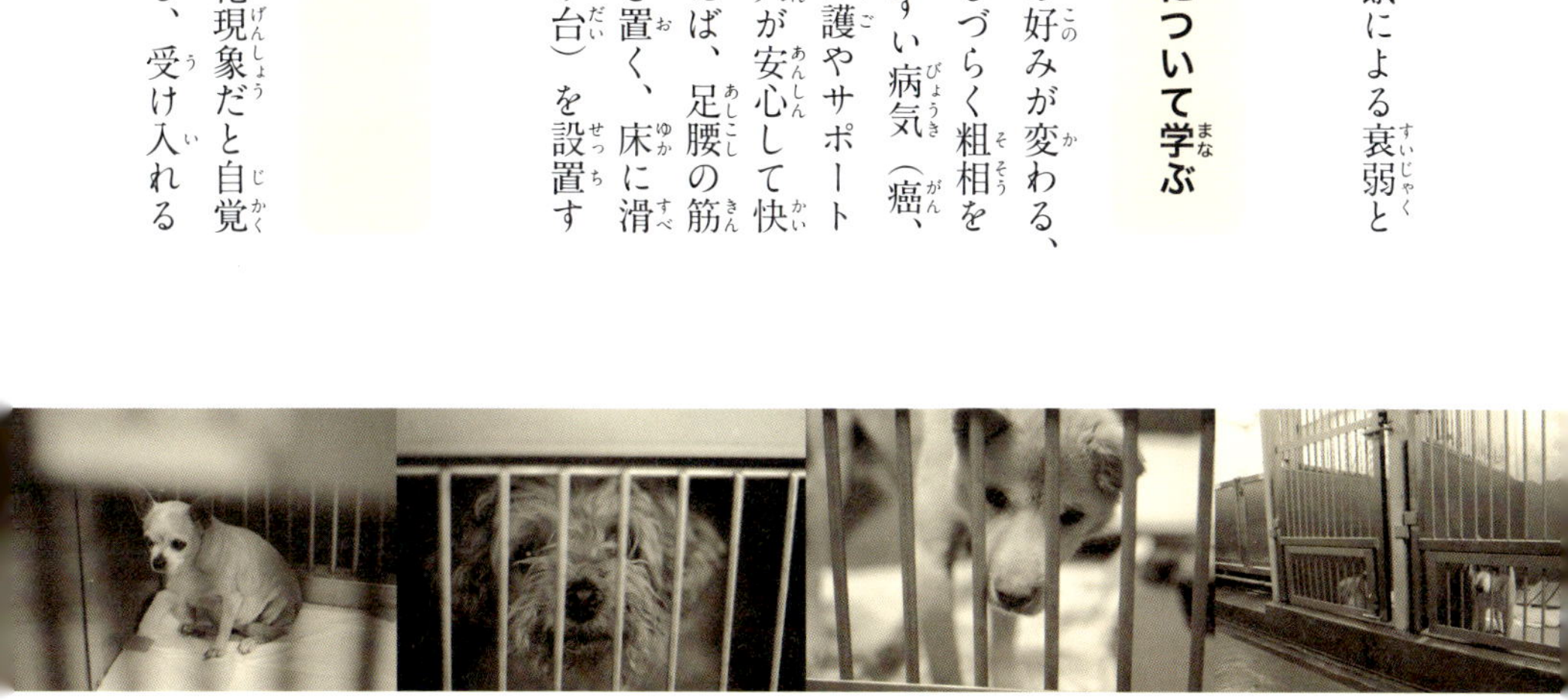

ことができます。でも、犬《いぬ》には自分《じぶん》の心身《しんしん》が変化《へんか》している理由《りゆう》がわかりません。以前《いぜん》はできていたことができなくなったり、徐々《じょじょ》に体《からだ》が衰《おとろ》え不自由《ふじゆう》になっていくことに不《ふ》安《あん》を感《かん》じている老犬《ろうけん》は、落《お》ち込《こ》んだり甘《あま》えん坊《ぼう》になったり、家族《かぞく》がそばにいないと寂《さび》しがるようになってきます。そんな老犬《ろうけん》の気持《きも》ちを理解《りかい》し、できなくなったことを飼《か》い主《ぬし》さんが嘆《なげ》いたり叱《しか》ったりするのではなく、不自由《ふじゆう》な部分《ぶぶん》をサポートしつつ、できたことをともに喜《よろこ》び、失《うしな》いかけた自信《じしん》やプライドを取《と》り戻《もど》させてあげてください。

眠《ねむ》っている時間《じかん》が増《ふ》える老犬《ろうけん》の寝床《ねどこ》は、いつも家族《かぞく》の気配《けはい》やぬくもりを感《かん》じられるリビングなどに置《お》き、できるだけそばにいて、やさしく撫《な》でたり、声《こえ》をかけたりして、安心《あんしん》させてあげましょう。

耳《みみ》や目《め》が悪《わる》くなってくると、家族《かぞく》が急《きゅう》に近《ちか》づいてきても気《き》づかず、突然《とつぜん》さわられることで驚《おどろ》いて、身《み》を守《まも》るため、反射的《はんしゃてき》に唸《うな》ったり歯《は》を当《あ》てたりすることも。老犬《ろうけん》にそんな様子《ようす》が見《み》られたら、声《こえ》をかけ、飼《か》い主《ぬし》さんの存在《そんざい》に気《き》づかせながら、ゆっくりと近《ちか》づき、手《て》のにおいを嗅《か》がせ安心《あんしん》させてあげてからスキンシップをとるようにしましょう。また、病気《びょうき》や怪我《けが》などが原因《げんいん》で痛《いた》いところがあるときは、そこをさわられるのがいやで、唸《うな》ったり噛《か》んだりしてしまうことも。その可能性《かのうせい》が疑《うたが》われる場合《ばあい》は動物《どうぶつ》病院《びょういん》に相談《そうだん》し、治療《ちりょう》するなどして痛《いた》みを取《と》り除《のぞ》いてあげてください。

お散歩《さんぽ》や日光浴《にっこうよく》は老犬《ろうけん》にとって、運動不足《うんどうぶそく》やストレスの解消《かいしょう》、脳《のう》の刺激《しげき》にもなる大《たい》切《せつ》な日課《にっか》です。足腰《あしこし》が弱《よわ》ってきたからといって散歩《さんぽ》に連《つ》れ出《だ》さなくなると、ますます筋力《きんりょく》や運動機能《うんどうきのう》が衰《おとろ》え、〝寝《ね》たきり〟状態《じょうたい》の誘因《ゆういん》となってしまうことも。歩行補助《ほこうほじょ》

ハーネスなどを使《つか》って、弱《よわ》ってきた足《あし》のサポートをしながら、老犬《ろうけん》のペース（体力《たいりょく》や歩調《ほちょう》）に合《あ》わせてこまめに休息《きゅうそく》をとりつつ、無理《むり》なくゆっくりと散歩《さんぽ》を楽《たの》しむようにしましょう。また、万《まん》が一《いち》、自力《じりき》で歩《ある》けなくなってしまったとしても、飼《か》い主《ぬし》さんが抱《だ》っこしたり、ペット用《よう》カートに乗《の》せるなどしていつものお散歩《さんぽ》コースを一緒《いっしょ》に歩《ある》き、気分転換《きぶんてんかん》させてあげてください。

「無駄吠《むだぼ》え」という言葉《ことば》がありますが、犬《いぬ》が吠《ほ》えたり鳴《な》いたりするのには必《かなら》ず理由《りゆう》があり、〝無駄《むだ》〟な吠《ほ》えなどありません。人間《にんげん》が、自分《じぶん》の意思《いし》や想《おも》いや感情《かんじょう》を伝《つた》えるために〝人間語《にんげんご》〟で話《はな》すのと同《おな》じように、犬《いぬ》も〝犬語《いぬご》〟で、何《なに》かを訴《うった》えているのです。

たとえば、「目《め》がよく見《み》えなくて不安《ふあん》だよ……」「家族《かぞく》がそばにいなくて寂《さび》しいよ……」などのほか、「痛《いた》い」「寒《さむ》い」「暑《あつ》い」「トイレに行《い》きたい」「おなかがすいた」「散歩《さんぽ》に行《い》きたい」「立《た》ち上《あ》がりたいのに立《た》てない」「家具《かぐ》に挟《はさ》まって身動《みうご》きがとれない」「寝返《ねがえ》りを打《う》ちたいのに体《からだ》が動《うご》かない」など様々《さまざま》。その時々《ときどき》の老犬《ろうけん》の立場《たちば》に立《た》って、なぜ鳴《な》いているのかを考《かんが》え、できる限《かぎ》り原因《げんいん》を取《と》り除《のぞ》いたり、希望《きぼう》を叶《かな》えることで、安心《あんしん》させてあげてください。

昼夜逆転《ちゅうやぎゃくてん》して夜鳴《よな》きしてしまう子《こ》は、昼間《ひるま》に眠《ねむ》りすぎないよう、日中《にっちゅう》、家族《かぞく》がたくさんスキンシップをとったり、お散歩《さんぽ》などの運動《うんどう》をしっかりさせてあげることで、生活《せいかつ》リズムや体内時計《たいないどけい》が整《ととの》えられ、夜《よる》ぐっすり眠《ねむ》れるようになることもあります。

家族《かぞく》とのコミュニケーションや適度《てきど》な運動《うんどう》は、脳《のう》の刺激《しげき》になり、認知症《にんちしょう》の予防《よぼう》にもつながりますし、老犬《ろうけん》にとって、家族《かぞく》といっしょに過《す》ごす時間《じかん》が何《なに》よりの幸《しあわ》せ。やさ

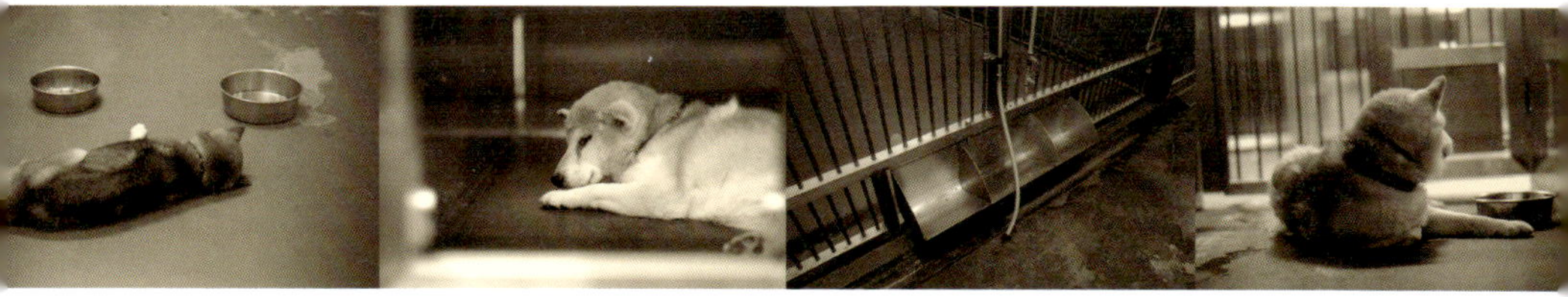

しく撫《な》でたり、時《とき》にマッサージやブラッシングをしながら、その子《こ》のことをどれほど大好《だいす》きで大切《たいせつ》に思《おも》っているかを伝《つた》えてあげてください。

11 万《まん》が一《いち》のとき、犬《いぬ》を託《たく》す人《ひと》を決《き》めておく

病気《びょうき》、事故《じこ》、転居《てんきょ》、入院《にゅういん》、施設入所《しせつにゅうしょ》、死去《しきょ》など、何《なん》らかの事情《じじょう》で、その子《こ》の世話《せわ》をし続《つづ》けられなくなったとき、自分《じぶん》に代《か》わって、その子《こ》の〝いのち〟と〝こころ〟を託《たく》し、生涯《しょうがい》を預《あず》けられる人《ひと》がいますか？

万《まん》が一《いち》、自分《じぶん》に何《なに》かあったときに、犬《いぬ》だけが取《と》り残《のこ》されることのないよう、その子《こ》を家族《かぞく》として受《う》け入《い》れてくれる人《ひと》を決《き》め、あらかじめ依頼《いらい》しておきましょう。

12 老犬《ろうけん》を守《まも》り救《すく》うための、ボランティア活動《かつどう》をする

行政施設《ぎょうせいしせつ》に収容《しゅうよう》された老犬《ろうけん》を保護《ほご》・譲渡《じょうと》するための活動《かつどう》に参加《さんか》することで、捨《す》てられた命《いのち》を救《すく》うことができます。活動内容《かつどうないよう》は、「施設内《しせつない》での老犬《ろうけん》のお世話《せわ》」「老犬《ろうけん》の一時《いちじ》預《あず》かり」「老犬《ろうけん》の譲渡先探《じょうとさきさが》し」「支援物資《しえんぶっし》や活動費用《かつどうひよう》の寄付《きふ》」など様々《さまざま》。

「施設《しせつ》は家庭《かてい》ではないですし、職員《しょくいん》は、動物《どうぶつ》の世話《せわ》をしながら、動物行政《どうぶつぎょうせい》にまつわる様々《さまざま》な業務《ぎょうむ》を担《にな》っているので、高齢《こうれい》の子《こ》や病気《びょうき》の子《こ》のケアにまで手《て》が回《まわ》らないというのが正直《しょうじき》なところ。老犬《ろうけん》のお世話《せわ》や譲渡先探《じょうとさきさが》しなどを民間《みんかん》の愛護団体《あいごだんたい》やボランティア

さんにお手伝《てつだ》いいただくようになってから、救《すく》える命《いのち》が増《ふ》えました」と職員《しょくいん》さん。

「『犬《いぬ》と一緒《いっしょ》に暮《く》らしたいけど、自分《じぶん》の年齢《ねんれい》を考《かんが》えると新《あたら》しく飼《か》い始《はじ》めるのには抵抗《ていこう》がある』『大好《だいす》きな犬《いぬ》とふれあいながら社会貢献《しゃかいこうけん》してみたい』……そんな高齢《こうれい》の方《かた》には、老犬《ろうけん》の一時預《いちじあず》かりボランティア（フォスター）をお勧《すす》めします。お年寄《としよ》りは、ご自身《じしん》も老化《ろうか》による体《からだ》の衰《おとろ》えを感《かん》じておられるので、老犬《ろうけん》の気持《きも》ちをよくわかってやさしく接《せっ》してくださいますし、仕事《しごと》を引退《いんたい》された方《かた》は日中《にっちゅう》もずっと家《いえ》におられるので、寂《さび》しがり屋《や》の老犬《ろうけん》がお留守番《るすばん》する時間《じかん》も少《すく》なくてすむ。お散歩《さんぽ》も含《ふく》め、ゆっくりとした老犬《ろうけん》の歩調《ほちょう》に合《あ》わせて一緒《いっしょ》に生活《せいかつ》してくださるので預《あず》けるほうとしても安心《あんしん》です」

また、捨《す》てられた老犬《ろうけん》たちの現実《げんじつ》や彼《かれ》らの想《おも》い、命《いのち》と心《こころ》を守《まも》る方法《ほうほう》を、家族《かぞく》や友人《ゆうじん》など周《まわ》りの方々《かたがた》にも伝《つた》えて下《くだ》さい。一人《ひとり》の意識《いしき》が変《か》われば、一《ひと》つの命《いのち》が救《すく》われます。

13 保護《ほご》された老犬《ろうけん》を家族《かぞく》に迎《むか》える

飼《か》い主《ぬし》に見捨《みす》てられ、収容《しゅうよう》された老犬《ろうけん》の心《こころ》の傷《きず》を癒《いや》し、最期《さいご》のときを、愛情《あいじょう》あふれる家庭《かてい》の中《なか》で過《す》ごさせてあげるために、どうか彼《かれ》らを、家族《かぞく》に迎《むか》えてください。

「まだまだ少数《しょうすう》ではありますが、看取《みと》りの日《ひ》が近《ちか》いのを覚悟《かくご》の上《うえ》で、老犬《ろうけん》の受《う》け入《い》れを希望《きぼう》してくださる方《かた》もおられます。『前《まえ》に飼《か》っていた子《こ》を最後《さいご》、充分《じゅうぶん》に介護《かいご》してやれずに亡《な》くし、後悔《こうかい》したから、その分《ぶん》、この子《こ》をしっかり看《み》てあげたい』『子犬《こいぬ》や若《わか》い子《こ》は引《ひ》き取《と》り先《さき》が見《み》つかりやすいだろうから、私《わたし》には高齢《こうれい》のこの子《こ》を譲《ゆず》ってくださ

い』……そんな風《ふう》におっしゃってくださる方《かた》もおられます」とボランティアさん。

14 共生社会《きょうせいしゃかい》の実現《じつげん》

飼《か》い主《ぬし》の引《ひ》っ越《こ》しや、高齢者施設《こうれいしゃしせつ》への入所《にゅうしょ》が決《き》まったとき、転居先《てんきょさき》の集合住宅《しゅうごうじゅうたく》や施設《しせつ》が「ペット禁止《きんし》」なため、飼育《しいく》していた犬《いぬ》を連《つ》れていくことができず、残《のこ》された子《こ》が捨《す》てられ、殺処分《さっしょぶん》されるという悲劇《ひげき》が全国各地《ぜんこくかくち》で起《お》こっています。

一方《いっぽう》、ペット飼育可能《しいくかのう》な集合住宅《しゅうごうじゅうたく》に加《くわ》え、飼《か》い犬《いぬ》と一緒《いっしょ》に通《かよ》えるデイサービスや入所型《にゅうしょがた》の高齢者施設《こうれいしゃしせつ》なども、少《すこ》しずつ増《ふ》えてきています。

「孤立《こりつ》したお年寄《としよ》りによる飼育放棄《しいくほうき》を防《ふせ》ぐため、人間《にんげん》の福祉担当者《ふくしたんとうしゃ》と、私《わたし》たち動物愛護担当者《どうぶつあいごたんとうしゃ》とが連携《れんけい》しながら問題《もんだい》を解決《かいけつ》していく——社会全体《しゃかいぜんたい》で家族《かぞく》とペットを見守《みまも》り支《ささ》えていく仕組《しく》みづくりも急務《きゅうむ》だと痛感《つうかん》しています」と職員《しょくいん》さん。

家《いえ》を不審者《ふしんしゃ》から守《まも》る「番犬《ばんけん》」として、また、来客《らいきゃく》を知《し》らせる「呼《よ》び鈴《りん》」代《が》わりに、玄関先《げんかんさき》や庭《にわ》に犬《いぬ》を鎖《くさり》や紐《ひも》でつないで飼《か》うことが一般的《いっぱんてき》だった一昔前《ひとむかしまえ》と違《ちが》い、彼《かれ》らを〝家族《かぞく》の一員《いちいん》〟として迎《むか》え、人間《にんげん》と同《おな》じ生活空間《せいかつくうかん》の中《なか》でともに暮《く》らす人《ひと》が増《ふ》えています。

終生飼養《しゅうせいしよう》の重要性《じゅうようせい》が叫《さけ》ばれる中《なか》、飼《か》い主《ぬし》が犬《いぬ》と一緒《いっしょ》に生涯《しょうがい》、暮《く》らし続《つづ》けることができる〝共生社会《きょうせいしゃかい》〟の実現《じつげん》を目指《めざ》して、行政《ぎょうせい》や関連企業《かんれんきぎょう》によるサポート体制《たいせい》とサービスの拡充《かくじゅう》が、より一層望《いっそうのぞ》まれます。

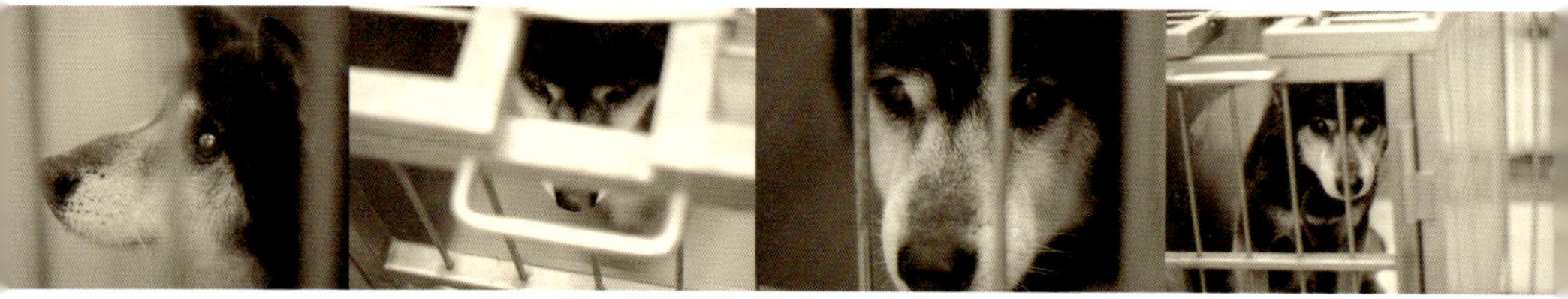

あとがきにかえて

「自分《じぶん》より先《さき》に亡《な》くなる子《こ》どもを家族《かぞく》に迎《むか》える覚悟《かくご》で、この子《こ》と暮《く》らし始《はじ》めました――」

今《いま》から約《やく》20年前《ねんまえ》、『明《あか》るい老犬介護《ろうけんかいご》』というフォトエッセイ（※5）の取材《しゅざい》でお会《あ》いしたご家族《かぞく》から聞《き》いたこの言葉《ことば》が、今《いま》も深《ふか》く心《こころ》に残《のこ》っています。

写真《しゃしん》は、その本《ほん》に登場《とうじょう》してくれた老犬《ろうけん》・こちびちゃんとお母《かあ》さん。

こちびがこの家《いえ》にやってきたのは2年前《ねんまえ》の冬《ふゆ》。同居《どうきょ》している息子《むすこ》さんが、道路脇《どうろわき》の溝《みぞ》の中《なか》でうずくまっているところを保護《ほご》しました。

「飼《か》い主《ぬし》さんを探《さが》したけど見《み》つからなくて、結局《けっきょく》、うちの子《こ》に。来《き》て間《ま》もない頃《ころ》は、元《もと》のおうちに帰《かえ》りたいのか、家《いえ》にいても散歩《さんぽ》に行《い》っても、一日中《いちにちじゅう》キュンキュンと悲《かな》しそうな声《こえ》で鳴《な》いていました……。今《いま》は寝《ね》たきりになってしまったけど、少《すこ》し前《まえ》まではヨタヨタとでも自力《じりき》で歩《ある》いてたんですよ。もっと元気《げんき》な頃《ころ》は、『抱《だ》っこしよ～』って手《て》を伸《の》ばしたら、パァっと肩《かた》のところまで飛《と》びついてきていました。ボールや木切《きぎ》れが大好《だいす》きで、一度《いちど》くわえたら離《はな》さないの」

話《はなし》を聞《き》かせていただいている間《あいだ》にも、こちびに寝返《ねがえ》りを打《う》たせたり、寝床《ねどこ》のシーツを取《と》り替《か》えたり、ふやかしたカリカリのドッグフードを掌《てのひら》から食《た》べさせたり、バタバタもがき始《はじ》めたこちびを抱《だ》いてさすって寝《ね》かしつけたりと、大忙《おおいそが》しの

お母《かあ》さん。「まるで孫《まご》の介護《かいご》をしている気分《きぶん》ですよ。私《わたし》が介護《かいご》してほしいぐらいなのにねぇ〜」と笑《わら》いながら。

「不自由《ふじゆう》な体《からだ》になっても健気《けなげ》に生《い》きようとするこちびの姿《すがた》を見《み》てたら、ますます愛《いと》おしくなるし、私《わたし》もまだまだ頑張《がんば》らなきゃ！　って勇気《ゆうき》をもらいます。あったかくなったら、また、抱《だ》っこでお散歩《さんぽ》に行《い》けたらいいなぁって思《おも》っています」

この写真《しゃしん》を撮影《さつえい》させていただいてから数週間後《すうしゅうかんご》の2月《がつ》23日《にち》、大好《だいす》きなお母《かあ》さんのそばで、こちびは天《てん》に召《め》されました。享年《きょうねん》16歳《さい》でした。

※5　初出《しょしゅつ》：月刊誌《げっかんし》『title』連載《れんさい》（文藝春秋刊《ぶんげいしゅんじゅうかん》／2000年《ねん》〜）
単行本《たんこうぼん》『明《あか》るい老犬介護《ろうけんかいご》』（桜桃書房刊《おうとうしょぼうかん》／2002年）

すべての老犬《ろうけん》が、家族《かぞく》の愛《あい》に見守《みまも》られながら、
心穏《こころおだ》やかにその生涯《しょうがい》を終《お》えられる日本《にほん》に
いつかなりますように。
そして、本書《ほんしょ》がその一助《いちじょ》となれますように。
——そう心《こころ》から祈《いの》っています。

児玉小枝《こだまさえ》

児玉 小枝（こだま さえ）

1970年、広島県生まれ。“人と動物との共生”をテーマに取材活動を続けているフォトジャーナリスト。どうぶつ福祉ネットワーク代表。言葉を持たない動物たちの代弁者としてメッセージを発信することをライフワークにしている。著書に、『“いのち”のすくいかた』（集英社）、『どうぶつたちへのレクイエム』（日本出版社）、『ラスト・チャンス！』（WAVE出版）、『明るい老犬介護』（桜桃書房）など。

デザイン：天野昌樹
校　　正：コトノハ

老犬《ろうけん》たちの涙《なみだ》
“いのち”と“こころ”を守《まも》る14の方法《ほうほう》

2019年 9月27日　初版発行
2023年 2月 5 日　再版発行

著者／児玉《こだま》 小枝《さえ》

発行者／山下 直久

発行／株式会社KADOKAWA
〒102-8177　東京都千代田区富士見2-13-3
電話 0570-002-301（ナビダイヤル）

印刷所／大日本印刷株式会社

【お問い合わせ】
https://www.kadokawa.co.jp/（「お問い合わせ」へお進みください）
※内容によっては、お答えできない場合があります。
※サポートは日本国内のみとさせていただきます。
※Japanese text only

定価はカバーに表示してあります。

ISBN 978-4-04-604419-8　C0095